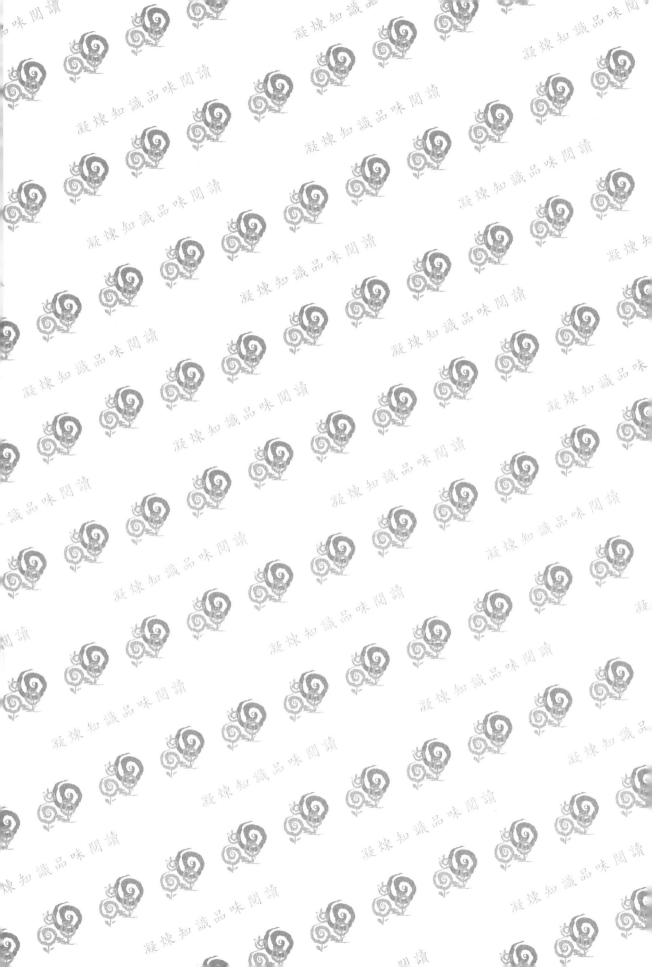

品牌行銷與管理

Brand Marketing & Management

第五版

戴國良 博士 著

五南圖書出版公司 印行

作者序

本書緣起

「品牌」（brand）對企業經營的重要性日益提升，甚至已到了戰略性關鍵的地位。今天，企業的經營成敗，無一不關乎著是否擁有優良的企業形象；那些全球性的跨國企業，哪一個不是名聲響噹噹的企業品牌或商品品牌。長久以來，英國知名的Interbrand品牌鑑價顧問公司，每年度即對全球性大品牌展開前五百大品牌鑑價。其中，前十大全球品牌的價值，都在幾百億美元以上，非常驚人。

臺商過去的發展，大都以委託代工（OEM）或設計代工（ODM）模式發展事業，所賺取的只是微薄的「製造利潤」。但美國、日本大廠則是賺取品牌及行銷利潤，其間差距可達數十倍之巨。但是，時代已經產生巨大變化，不少臺商已發現長久代工下去，終究不是辦法，因為臺灣的外銷製造廠已紛紛外移到中國大陸、東南亞、東歐，甚至是印度。好像過著遊牧民族的日子，老外的市場在哪裡，就叫我們到哪裡去，他們吃香喝辣，我們卻遠在落後的低成本國家設廠為他們賣命，賺取的卻是5～10%微薄的毛利率，相較於老外2倍、3倍的售價，其獲利水準令人羨慕。因此，有些臺商已幡然覺醒。諸如比較有名的acer、ASUS、Giant、TREND MICRO（趨勢科技）、MAXXIS、王品、統一、旺旺等，已經在自有品牌打造方面努力，有明顯的大幅進步與可貴成果，這是重要的一個里程碑。

另外，在內銷（內需）行業方面，也有愈來愈多的廠商集中力量在品牌形象與品牌資產力的打造上，付出相當多心力，以及做了很多的必要行銷投資，大家都有了更正確的品牌行銷與品牌管理的認知與信念。因此，打造「品牌力」也成為行銷操作的最終目標之一。

其實，廠商行銷拚到最後，依賴的可能只是三種優勢而已，一是商品力創新優勢；二是服務力品質優勢；三是品牌力累積優勢。其他的優勢，可能大家都會彼此努力拉近而不相上下。例如：降價、降低成本、做促銷活動、做公關、擴大通路據點、加速展店等，這些活動大家好像都會做，彼此間差異並不大。大家的行銷實力愈來愈接近，而最終決勝負的可能只剩下「品牌」而已。因為，第一品牌只有一個，不會有好多個。

本書四大特色

第一：本書是以筆者過去授課的四百多頁PowerPoint版本為基礎，再加入一些相關資料所形成。因此，整體所呈現的是極為重點式、摘要式與簡單式的寫法，沒有長篇大論，也沒有太深的整本外國教科書理論內容，全書都非常淺顯、簡明、易懂。

第二：本書有上百個國內本土品牌行銷案例及國外案例，兼具本土品牌行銷市場及全球品牌行銷。而案例又可與理論名詞相互對照呼應，可提高學習效果及應用價值。這一點的成效是非常重要且必要的，特別是商學院或傳播學院的學習技能，必須要會知道如何應用。

第三：本書內容加入歐洲名牌精品品牌行銷與管理成功的單元，可說是獨具特色。因為，名牌精品的品牌行銷成功，已成為當今行銷界中一個值得學習與探索的典範。即使在臺灣，亦有更多消費者在追逐著名牌精品的人生夢想。

第四：最後，本書由七大篇十四章所組成，內容應該足夠完整、周全、豐富，具備全方位品牌架構的體現。其中，對品牌如何做好行銷及品牌如何做好管理，則是全書的兩大重點目標。

感謝與感恩

本書能夠順利出版，衷心感謝我的家人，我在世新大學的各位長官、同事與同學們，以及五南圖書出版公司相關人員的鼓勵、指導及協助，再加上廣大同學們的殷切需求之聲，讓我在無數個凜冽的嚴冬中，能夠堅持耐心、毅力與體力而完成撰著。

人生勉語

最後，我願意奉上幾句常陪我走過此生的一些座右銘，如下：

1. 「只要有夢想，天下無難事。」
2. 「人生是常給，而不是多拿。」
3. 「謙受益，滿招損。故常保謙虛，避免自滿、自傲。」
4. 「入山唯恐不深，入山何必太深。」（註：李安大導演與其亡父的對談。意指距離成功之目標只差一點點，應可再努力去達成，但亦勿被盛名或遙不可及的夢幻目標所誘惑而不可自拔。）
5. 「堅持做喜歡的事，才會有好成果。」

6. 「對事以真，對人以誠，對上以敬，對下以慈，大悲心起。」

7. 「在變動的年代裡，堅持不變的真心相待。」

8. 「成功的人生方程式：觀念（想法）×能力×熱忱×學習。」

9. 「命運可以被安排，人生卻要自己左右。」

10. 「慈悲喜捨見佛心，萬家隨緣觀自在。」

11. 「反省自己，感謝別人。」

12. 「人只有在反省中，才會成長。」

13. 「博學、審問、慎思、明辨，然後力行。」

14. 「終身學習，必須建立在有目標、有計畫、有紀律與有毅力，才會有成果，而毅力最難。」

15. 「人生要成功，一定要訂下可及的目標，然後全力以赴，不達目標，絕不休息終止。」

16. 「挑戰困難的報酬是：每過一關，自己就有更佳的實力。」

17. 「感恩人的人，恆被人感恩；愛人的人，恆被人愛。」

18. 「不管歡笑或痛苦，每一天都是值得珍惜與懷念的。」

　　衷心祝福各位辛苦教學的老師們、各位努力用功向學的同學們及各位認真上進的讀者們，希望您們都會有一個充滿幸福、快樂、成長、進步、滿意、成功與美麗的人生旅程。在您們人生的每一分鐘光陰中，我與您們同在。

　　祝福大家、感謝大家、感恩大家～

作者

戴國良 敬上

於臺北

taikuo@mail.shu.edu.tw

目錄
CONTENTS

作者序

目錄 CONTENTS

目錄
CONTENTS

$\mathbf{P}^{\mathrm{art}} \mathbf{1}$
品牌觀念篇

第 1 章　品牌緒論與認識品牌

第一節　品牌入門基本觀念

一、至少一百年以上經典品牌，依然屹立不搖、長青不墜，擁有極高品牌價值

㈠國內知名品牌

㈡國外知名品牌

二、臺灣未來走向（從製造臺灣，邁向品牌臺灣）

三、為何要重視品牌？「品牌」對廠商的功用（好處、效益）為何？

知名品牌對廠商而言，具有下列八項好處：
1. 可以擁有較高定價能力。
2. 可以賺取較高利潤。
3. 可以有穩定的營收額。
4. 顧客忠誠度、再購率會較高。
5. 企業可以長期、永續經營。
6. 企業享有較佳的競爭優勢。
7. 可以與競爭對手劃分出區隔性。
8. 可以使消費者願意多付些錢。

四、知名品牌價格差距大

1. 德國賓士進口豪華車，比國內本土裕隆車，價差3～6倍之多。

一部200～1,000萬元　　　　　　　　一部70～150萬元

賓士 ⟍ ⟋ 裕隆

價格相差3～6倍

2. 法國LV精品包，比國內本土皮包，價差100倍之多。

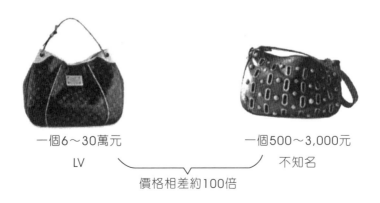

一個6～30萬元　　　　　　　　一個500～3,000元

LV ⟍ ⟋ 不知名

價格相差約100倍

五、全力打造品牌力

1. 所以，廠商要全力「打造品牌」→成為「知名品牌」→累積「品牌資產」→創造「品牌價值」。
2. 所以，行銷的最重要任務之一是「打造品牌」，提升「品牌力」。
3. 為什麼要打造品牌？因為具有「品牌價值」。

六、何謂品牌價值？

1. 可口可樂品牌價值：700億美元×30倍＝2.1兆（折合臺幣）。
2. 今天，如果把可口可樂品牌賣掉，就可拿到2.1兆臺幣。

七、品牌與代工的價值比較

鴻海為美國Apple公司代工生產iPhone智慧型手機。

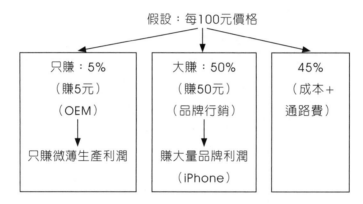

假設：每100元價格

| 只賺：5%
（賺5元）
（OEM）
↓
只賺微薄生產利潤 | 大賺：50%
（賺50元）
（品牌行銷）
↓
賺大量品牌利潤
（iPhone） | 45%
（成本＋
通路費） |

請問：您是要賺代工利潤 ✗
或
您是要賺品牌利潤 ✓

八、品牌是長期持續的旅程（五十年、一百年的長期旅程）

品牌是持續的旅程，莫忘初衷，長期投資品牌，才能永續經營、永保競爭力。記住：把投入品牌的廣告宣傳費當成是投資，而不是費用。

九、案例：長期投資廣宣預算（行銷預算）

例如：每年花費行銷預算如下：
1. TOYOTA汽車（和泰汽車）　→每年7億廣告費×20年＝140億元。
2. 7-ELEVEN　　　　　　　　→每年2億廣告費×20年＝40億元。
3. Panasonic全產品　　　　　　→每年5億廣告費×20年＝100億元。
4. 資生堂、SK-II　　　　　　　→每年1億廣告費。
5. 林鳳營　　　　　　　　　　→每年6,000萬廣告費。
6. 茶裏王　　　　　　　　　　→每年4,000萬廣告費。
7. 飛柔　　　　　　　　　　　→每年4,000萬廣告費。
8. 中華電信全產品　　　　　　→每年1億廣告費。
而品牌信賴是長期投資累積起來的。

十、全球第一品牌可口可樂的評語

品牌顧問公司Interbrand評語：「可口可樂的實力在於其品牌形象，全球隨處可見，無論是廣告行銷、互動溝通、企業文化或產品創新都與品牌緊密結合。」

十一、品牌經理人五大任務

1. 達成營收業績目標。
2. 達成獲利目標。
3. 打造品牌、累積品牌資產價值。
4. 鞏固市占率排名。
5. 提高顧客滿意度與忠誠度。

十二、品牌的邏輯觀念

1. 要先有：
   (1) 高品牌知名度。
   (2) 好的品牌形象與口碑。
   (3) 高的品牌喜愛度。
   (4) 高的品牌忠誠度。
   才會有好業績、好獲利。所以，要做好品牌經營工作。
2. 沒有好品牌就不可能有好業績。
3. PM：產品經理人（Product Manager）、BM：品牌經理人（Brand Manager）、MM：行銷經理人（Marketing Manager），都要努力：
   (1) 經營品牌。
   (2) 行銷品牌。
   (3) 管理品牌。
4. 有關規劃及執行任何的行銷活動，都不能損及這個品牌的好形象與好口碑。

十三、成功品牌經營的目標

1. 打造品牌知名度（brand awareness）。
2. 累積品牌資產（brand asset）。
3. 長期投入維繫品牌信譽（brand reputation）。
4. 不斷創新高品牌價值（brand value）。
做行銷＝做品牌（marketing ＝ branding）。

十四、最強品牌（產品）經理人必備知識

(一)行銷知識

1. 行銷學	10. 市場調查
2. 整合行銷傳播	11. CRM（顧客關係管理）
3. 廣告學	12. 數位行銷
4. 公關學	13. 服務行銷
5. 品牌學	14. 損益表分析
6. 定價管理	15. 設計學
7. 通路管理	16. 美學
8. 促銷管理	17. 消費心理學
9. 媒體企劃與購買	

(二)產業知識

- 化妝保養
- 食品飲料
- 日用消費品
- 汽車
- 名牌精品
- 金融銀行
- 餐飲
- 藥品
- 其他

＋　　　　　＝　最強品牌經理人

十五、品牌經理人（產品經理人）薪水

㈠外商公司

協理、副總級：月薪12～20萬元。

經理級：月薪10萬元以上。

副理級：月薪7～9萬元。

專員級：月薪4～6萬元。

例如：P&G、L'ORÉAL、資生堂、三星、LG、SONY、Apple等。

㈡本國公司

協理、副總級：月薪10～17萬元。

經理級：月薪7～9萬元以上。

副理級：月薪5～7萬元。

專員級：月薪3.5～5萬元。

例如：統一企業、味全、Panasonic、愛之味、耐斯566、味丹、桂格、白蘭氏、好來、義美、黑松、金車等。

十六、綜合行銷戰力

品牌廠商創造好業績的三個力，如下圖示：

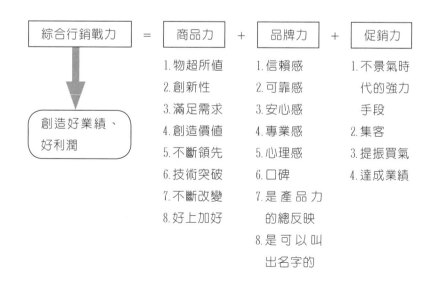

其中，品牌力占綜合行銷戰力的三分之一，占有重要位置。

十七、品牌行銷的本質核心觀念

1. 7-ELEVEN前副總經理蔡篤昌指出：「找到消費者內心的需要，創造差異化，就能擴大業績表現。」
2. 7-ELEVEN前總經理徐重仁表示：
   (1)「用心，就有用力之處。」
   (2)「沒有最終的答案，永遠有最好的做法。」

十八、管理雜誌消費者心目中理想品牌排行榜（2024年）

分類	品項名稱	第一名品牌	第二名品牌	第三名品牌
服務業	行動電信業者	中華電信	台灣大哥大	遠傳電信
	數據網路服務	中華電信	台灣固網	So-net
	房屋仲介	信義	永慶	東森
	租車	格上	和運	和信
	國際快遞	FedEx	DHL	UPS
	國內快遞（貨運／宅配）	黑貓宅急便	中華郵政	新竹貨運
	加油站	中油	台塑	全國
	連鎖咖啡店	85度C	星巴克	丹堤
	連鎖藥妝店／藥局	屈臣氏	康是美	丁丁藥局
	保全公司	中興	新光	中鋼
	直銷公司	安麗	NU SKIN	賀寶芙
	建設公司	遠雄	太子建設	國泰建設
	航空公司	中華航空	長榮航空	國泰航空
	證券公司	元大	日盛	富邦
	金控集團	國泰	富邦	新光
	人壽保險	國泰	南山	新光
	產物保險	國泰	新光	富邦
日常用品	染髮劑	耐斯566	美吾髮	花王
	洗髮精	飛柔	多芬	麗仕
	沐浴乳	澎澎	多芬	麗仕
	男鞋	LA NEW	阿瘦	eCCO
	一般刮鬍刀	吉列	舒適	飛利浦

分類	品項名稱	第一名品牌	第二名品牌	第三名品牌
	電動刮鬍刀	飛利浦	百靈	Panasonic
	男性洗面乳	蜜妮	UNO	露得清
	女性洗面乳	蜜妮	露得清	多芬
	女性內衣	華歌爾	黛安芬	曼黛瑪蓮
	衛生棉	好自在	蘇菲	靠得住
	睫毛膏	MAYBELLINE	FASIO	Lancôme
	女鞋	阿瘦	LA NEW	AS
3C產品	電視機	SONY	Panasonic	LG
	冷氣／空調	日立	大金	Panasonic
	洗衣機	Panasonic	LG	三洋
	冰箱	LG	Panasonic	大同
	電子鍋（電鍋）	大同	象印	Panasonic
	空氣清淨機	Panasonic	日立	大同
	微波爐	Panasonic	大同	尚朋堂
	桌上型電腦	華碩	宏碁	Apple
	筆記型電腦	華碩	宏碁	Apple
	顯示器	奇美	ViewSonic	宏碁
	電子辭典	無敵	快譯通	哈電族
	數位相機	SONY	Canon	Nikon
	數位攝影機（DV）	SONY	Canon	Nikon
	手機	Nokia	SONY Ericsson	Apple
	GPS（衛星導航）硬體	MIO	GARMIN	飛來訊
	多功能事務機	HP	Epson	Canon
	投影機	Epson	SONY	Panasonic
家居用品	連鎖家具	IKEA	B&Q特力屋	歐德
	衛浴設備	和成	TOTO	櫻花
	熱水器	櫻花	林內	莊頭北
	瓦斯爐	櫻花	林內	豪山
	抽油煙機	櫻花	林內	豪山
	淨水器	安麗	櫻花	Panasonic

分類	品項名稱	第一名品牌	第二名品牌	第三名品牌
酒類	啤酒	台灣啤酒	海尼根	青島
	白蘭地	軒尼詩	人頭馬	臺灣菸酒
	威士忌	約翰走路	威雀	麥卡倫
食品	速食麵	統一麵	維力	康師傅
	成人奶粉	桂格	克寧	安怡
	嬰幼兒奶粉	亞培	惠氏	桂格
	喉糖	樺達硬喉糖	京都念慈庵	諾比冰心
	冰淇淋	小美	Häagen-Dazs	杜老爺
	喜餅	郭元益	伊莎貝爾	大黑松小倆口
	包裝米	三好米	池上米	中興米
	醬油	金蘭	龜甲萬	味全
清潔用品	洗衣粉／精	白蘭	一匙靈	白鴿
	洗碗精	泡舒	白熊	白蘭
	牙膏	好來	高露潔	白人
	面紙	舒潔	五月花	春風
	衛生紙	舒潔	五月花	春風
交通	機車	山葉	三陽	光陽
	自行車	捷安特	美利達	功學社
	輪胎	米其林	瑪吉斯	固特異
	房車	TOYOTA	BMW	Benz
	休旅車	TOYOTA	BMW	HONDA
休閒用品	運動鞋	NIKE	愛迪達	PUMA
	休閒服	NIKE	愛迪達	PUMA
醫療保健	按摩椅	OSIM	高島	Panasonic
	血壓計	OSIM	Panasonic	OMRON
	拋棄式隱形眼鏡	嬌生	博士倫	視康
	隱形眼鏡藥水	博士倫	視康	愛爾康
	維他命	善存	萊萃美	安麗
	感冒藥	斯斯	普拿疼	友露安
	內服止痛藥	普拿疼	斯斯	百服寧
	嬰兒紙尿片／褲	幫寶適	好奇	妙兒舒
其他	報紙（家中訂閱）	《自由時報》	《蘋果日報》	《聯合報》

連續30年蟬聯冠軍的理想品牌

品項	品牌名稱
女性內衣	華歌爾
電視機	SONY
抽油煙機	櫻花
衛浴設備	和成
洗衣粉／精	白蘭
速食麵	統一
洗衣機	Panasonic
電子鍋／電鍋	大同
衛生紙	舒潔
牙膏	好來

十九、消費者為什麼願意支付較高價錢買知名品牌？或是比較喜歡買知名品牌？為什麼？

因為： 1. 帶來安心、保障。

2. 帶來品質保證、信賴。

3. 帶來好用、耐用。

4. 帶來好看、心情快樂。

5. 帶來心理尊榮感、虛榮心。

6. 帶來有名的感覺。

7. 帶來價值感、時尚感、感動感。

8. 帶來頂級服務享受。

所以：品牌＝信賴＝尊榮＝虛榮＝保障。

第二節　品牌及品牌價值的意義及內涵

一、宏碁施振榮創辦人的「品牌微笑曲線」（smile curve）

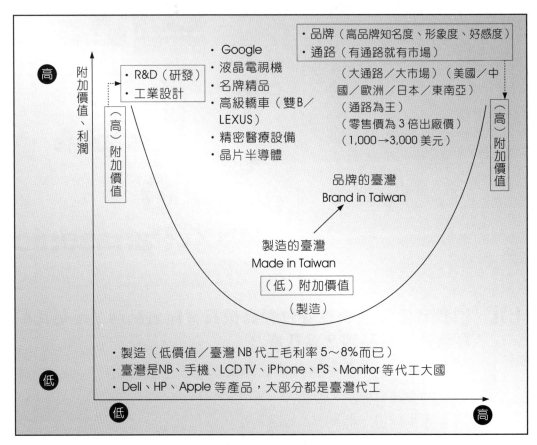

▲ 價值創造活動

問題思考

1. 臺灣人口2,300萬人，消費市場太小了。因此，不易成為世界性品牌。
2. 臺灣過去重製造、輕行銷。
3. 臺灣經濟發展歷史不夠長久。
4. 過去政府鼓勵不足，現在已有改善，致力使「製造的臺灣」成為「品牌的臺灣」（Made in Taiwan→Brand in Taiwan）。

微笑曲線代表企業高附加價值三大來源：
1. 研發力（研發至上）。
2. 通路力（通路為王）。
3. 品牌力（品牌致勝）。

二、品牌與代工的獲利比是 57：1；品牌業者是吃肉，代工業者則是啃骨頭

1. 根據 *Business Week* 在2023年度，曾做過一份全球前一百大企業在當年度共創獲利額2,280億美元的調查。但這些公司在亞太地區的代工廠商獲利額僅40億美元，兩者獲利比為57：1，相當懸殊。顯示品牌與代工業在獲利效益上的失衡現象。
2. 「三三三」市場法則：臺灣廠商以製造見長，全球超過一半的電腦由臺商生產，但我們卻排不上前五大品牌，賺的仍是代工錢。一般而言，市面上的產品是遵循「三三三」法則，比如一樣產品在市場上賣100元，通路、品牌、製造商的價格各約33元。簡單的說，代工廠商以33元賣給品牌商，品牌商再用66元賣給通路商，通路商用100元賣給消費者，其中以製造商得到的附加價值最低。

例如：臺商每年生產上億雙的鞋子，產量最大的寶成、豐泰都是為人代工，讓NIKE、Reebok在戰場上捉對廝殺。根據國際權威的Interbrand公司估算，NIKE的品牌價值約有2,600億元，而寶成經營績效頗出色，但每年只能安分地賺30～40億元的血汗錢，可見成功的品牌確實可以產生巨額利潤。

企業要長期永續經營，必須努力擺脫OEM代工生產，努力打造品牌經營。

三、全球奧美集團品牌經驗分享：品牌是所有經驗的總和

全球奧美集團執行長夏蘭澤女士（Shelly Lazarus）的品牌經驗分享如下：

1. 「品牌打造（brand-building）與做廣告不一樣。品牌是一個人感受一個品牌的所有經驗，這包括產品包裝、通路便利性、媒體廣告、打電話到客服中心的經驗等之總和。如果有不好的經驗或不太滿意時，就會對這家公司、這家店、這個品牌打了折扣、傳出壞口碑或下次不再來了。
2. 必須以消費者的經驗（體驗）角度，去檢視你的品牌。要主動考察、訪視、感受消費者接觸這個品牌的每一個可能點，去體驗品牌如何傳

遞，以及品牌哪個方面不足。

3. 所以，每一個與消費者接觸點的第一個『關鍵時刻』（moment of truth, MOT）都非常重要，必須有高品質與高素質的服務人員去執行。」

4. 思考重點：去專櫃買化妝品、到名牌精品店、到高級餐廳、到高級汽車經銷商、到美容院、到SPA會館、到資訊3C店、到手機店等，服務人員的接觸經驗如何？

5. 何謂「品牌」？顧客所有經驗的總和：

(1) 功能強大
(2) 好用、耐用
(3) 品質佳
(4) 服務好
(5) 口碑佳
(6) 價格合理
(7) 方便買到
(8) 送貨快
(9) 看到好廣告
(10) 看到好的報紙報導
(11) 性價比高
(12) 心裡有尊榮感、虛榮心
(13) 穿起來好看，有快樂感
(14) 有保固期
(15) 可以分期付款
(16) 有與時俱進的感覺
(17) 其他。

問題思考

1. 如何做會讓顧客有一個美好的、接受這個服務或買產品的經驗呢？
2. 請以去王品牛排西餐廳用餐為設想；或請以去中山北路LV精品專賣店購物為設想；或請以到LEXUS汽車經銷店買車為設想，究竟企業應該要注意到哪些服務環節呢？

〈觀點 1〉建立品牌不單是做好廣告而已——奧美廣告集團全球執行長夏蘭澤（Shelly Lazarus）的觀點

我認為，對於廣告與傳播公司的角色在建立品牌，而非單純的「做廣告」之認知，正逐漸成形。挑戰在於能幫助客戶建立品牌的方法實在太多，突然間，你要關照的面向變得更廣。

三十年前當我剛投入廣告業時，任何品牌只需要三支電視廣告和兩個平面媒體廣告。當時你也相信，這一定奏效，因為當時可供選擇的媒體非常稀少。做好廣告，然後你的工作就大功告成。如今，我們開始學習如何從多種媒

介中獲取價值。當媒體持續演化，我認為下一個五年、十年，我們將會更清楚知道，如何善加利用我們擁有的機會以及如何建立一個品牌。

〈觀點 2〉 抓住與顧客的接觸點——奧美廣告集團全球執行長夏蘭澤的觀點

譬如說，你希望經營一家形象溫暖、細心服務的航空公司，但若我到了機場，卻沒有被好好對待，即便是全世界最棒的廣告都救不了你。因為消費者的經驗可凌駕廣告的力量。坦白說，假如廣告提升了顧客的期待，但現實經驗卻無法滿足期待，你的麻煩就大了。你可能在短短幾分鐘內就毀了整個公司。那是另一個陷阱：避免誇大你立下的承諾。

我覺得360度品牌管家只是另一個關照每一個接觸點的方式，是為客戶詮釋經驗，幫助客戶了解如何讓品牌的呈現更加一致。

四、奧美廣告創始人對品牌的觀點

奧美廣告創始人大衛‧奧格威對品牌的觀點如下：「品牌是個錯綜複雜的象徵，是品牌屬性、名稱、包裝、價格、聲譽、廣告等無形的總和，同時也因消費者使用而有印象。」

例如：

1. 7-ELEVEN很便利（綜合印象）。
2. LV、CHANEL名牌包包很耐用，設計也很好，品牌也很有名。
3. 家樂福量販店的東西很齊全，可以一次購足。
4. 新光三越一樓化妝品專櫃很豐富。
5. 星巴克咖啡氣氛不錯。
6. 寶雅藥妝店日用品很多。
7. 中正紀念堂文化中心是高級藝文者表演場所。
8. 威秀影城是看電影的好地方。
9. 全聯福利中心是平價的超市。

問題思考

1. 綜合印象是什麼？是每一次購買、每一個服務者、每一篇文字報導、每一次別人說的話、每一次問別人意見、每一次電視新聞報導、每一次使用後感受等綜合印象。
2. 公司內部哪些人？哪些部門？哪些制度？哪些工作？應該負起這些綜合印象的累積及打造工作呢？請你深入思考。

五、P&G 公司品牌成功觀點

全球第一大日用品P&G公司（寶僑公司）前任執行長雷富禮，對P&G品牌的成功提出如下觀點：「一個成功的品牌，即是對消費者永遠不變的承諾（commitment）及約定。公司一定要堅守此種約定的價值才行，並且從不怠慢的努力縮短與消費者的距離，以及要不斷地讓消費者感到驚喜。」

P&G訂定每年4月23日爲「消費者老闆日」（Consumer Boss Day），以各種活動儀式舉辦，不斷提醒全球P&G員工這個根本的行銷理念。

問題思考

請你設計P&G 4月23日當天的活動項目內容企劃案。

六、桂格創辦人對品牌的觀點

桂格創辦人John Stuart曾說過：「如果企業要分產的話，我寧可取品牌、商標或是商譽，其他的廠房、大樓、產品，我都可以送給您。」（If this business were to be split up, I would take the brands, trademark, and good will.）

廠房、大樓、產品都可以在很短的時間內建造起來，或委外代工做起來，但是要塑造一個全球知名的、好形象的品牌或企業商譽，卻必須花很久的時間及很多心力，才能打造出來，而且不能複製第二個同樣的品牌。因此，品牌與人的生命一般地緊密。

無形的資產比有形的資產更爲重要，更不易買到。

七、臺灣奧美廣告對品牌成功觀點

臺灣奧美廣告集團前董事長白崇亮指出，欲攻市占率，先攻心占率。

「心占率是場品牌戰爭，從消費者情感出發，去建構特定、細膩的思維，並且實踐的過程。」

1. 市場占有率（market share）。
2. 心占率（mind share）。

問題思考

請你想一想，下列哪一項產品的品牌名稱是你經常使用或放在心裡，馬上可以想出來、叫出來的？

洗髮精？沐浴乳？洗衣精？機車？汽車？MP3？液晶電視？新聞頻道？報紙？雜誌？口香糖？化妝品？面膜？茶飲料？泡麵？大醫院？女鞋？女裝？珠寶鑽石？精品？量販店？主題遊樂區？家具店？西餐廳？速食餐廳？便利商店？百貨公司？美妝店？咖啡連鎖？

八、品牌是「無形」資產，創造企業價值

Interbrand品牌顧問公司認為，品牌是無形資產的關鍵項目，可以創造企業價值。

1. 無形資產已成為公司價值的主要來源，而品牌則是無形資產中的重要項目。

   （資產區分為有形資產與無形資產兩種。有形資產，如廠房、設備、材料、零組件，只要花錢就可以買得到；但無形資產，如品牌、商譽、智慧財產權、專利權，則是花錢也買不到的。）

2. 根據美國《商業周刊》報導，全球股票市值有三分之一來自品牌，強勢品牌能為公司創造無限價值。

問題思考

品牌是很有價值的，可換算成錢的價值，故值得用心、細心、花錢、有計畫的、有系統的、有效用的去努力與長期的打造它、鞏固它、提升它。因此，維護品牌是公司全員的責任。

九、史蒂芬・金小說家的品牌觀點

許多公司都了解，品牌不僅是公司的商標、產品、象徵或名稱。對產品與品牌之間的差異，小說家史蒂芬・金（Stephen King）曾提出一個很實用的論點：「產品是來自工廠，而消費者購買品牌。產品可以複製（dupictate），品牌卻是獨一無二的。產品很快就過時了，但精心策劃的成功品牌，卻永垂不朽。」

可口可樂、迪士尼、雀巢、時代華納、豐田、三菱、索尼（SONY）、賓士、奇異（GE）、HP、P&G、GUCCI、LV等，都是七、八十年以上，甚至百年以上的知名品牌及好品牌，歷久不衰，無法被人複製。

問題思考

不能被複製的優勢，才是永遠的競爭優勢，而品牌就是永遠的競爭優勢，請務必記住！

十、品牌是什麼？

品牌是什麼？簡單來說，品牌就是「產品的靈魂」。品牌幫助消費者做選擇，因為它代表可靠的品質、形象與售價。經過適當的行銷與刻意營造，品牌甚至會觸發消費者心中強烈的情感，進而強化他們對於產品的忠誠度，而這種忠誠度，有時甚至可以持續一輩子。

十一、品牌價值是企業支撐力

品牌價值是長線支撐力，如宏碁、華碩、巨大。

㈠從代工到自創品牌

「如果不想每十年搬一次工廠，就只能專心發展自有品牌。」明基電通董事長李焜耀這句話，一語道破臺灣企業面臨轉型的迫切性。過去臺商以代工模式，打造全球最完整的PC供應鏈。但隨著代工毛利壓縮，被迫選擇「逐低價而居」，生產線從臺灣移師到中國甚至印度。為了擺脫像這樣「遊牧民族」的困境，創造更高的產品附加價值、發展品牌，是許多臺商努力的目標。

從OEM（委託製造代工）→ODM（委託設計代工）→OBM（自創品牌），這是一個艱辛、路途遙遠、須投入大成本，且面對風險的生死抉擇。但韓國三星、LG及現代均已成功走出來了，臺灣大廠亦應有此機會。

(二)微利時代

微利時代，臺灣企業面臨轉型壓力，品牌價值快速崛起，宏碁、華碩的筆記型電腦及巨大的捷安特（Giant）自行車，堪稱臺灣品牌代表；品牌不但可增加「市占率」與「溢價支付」效果，也帶動股價走揚，是臺股未來重要題材。

問題思考

既然是微利時代，大家拚價格、拚促銷活動，利潤愈拚愈低，最後能存活下來的，只剩下有品牌的大廠而已。因為，品牌大廠具備製造成本低及品牌溢價之雙重優勢。

(三)品牌建立，有助於「市占率」與「溢價支付」效果

事實上，擁有品牌知名度不但能有較高的市占率，對消費者而言，也願意花較多錢，購買知名品牌的產品。像這樣溢價支付的效果，等於是將品牌的抽象概念，化為公司的實質獲利。

根據北大商業評論顯示，2006年中國消費者對各種筆記型電腦品牌的溢價支付意願（在相同功能之下，願意因品牌因素多付出的價格比率），排名第一的聯想，溢價率達17.1%；華碩排第七，溢價率達12.4%；宏碁第八，溢價率達12.1%，與第一名差距為五個百分點。若臺商能維持推升品牌溢價，可因此創造不少利潤。

問題思考

消費者為什麼對有品牌的產品，願意支付多一些的溢付價格？因為品質好、維修少、耐用、好看、好用、好吃、具榮耀感、功能強、服務佳、附加價值多一些、物超所值、符合身分地位等。

十二、品牌大廠享有較高投資價值

美國高盛證券的研究顯示，品牌科技大廠多半享有比較高的投資價值，使得品牌廠商在進行企業併購時，併購的價格都會比被併購的資產價值略微高出一些。這部分差額就是所謂的「商譽」，也就是「品牌價值」所在。

十三、兩大客觀評價

企業品牌價值，取決於兩大客觀評價：
一是獲得終端用戶（一般消費者或企業客戶）的認同度。
二是專業評價（鑑價）機構，如專業公信雜誌或調查數據。

十四、Lippincott Mercer 資深董事對品牌的意涵

Lippincott Mercer設計暨品牌策略顧問公司資深董事理查德・威爾克指出品牌意涵：「所謂品牌，不是只有名稱、logo，品牌形象應該是一個產品、服務、加上所有對外溝通，給消費大眾的觀感及經驗的總和，包括產品、價位、促銷、公關、領導人、企業社會責任、財務營運成果等諸多表現。」

十五、強勢品牌創造市場價值

許多調查顯示，強勢品牌可以創造出許多市場價值，例如：
1. 可以讓消費者很快採取購買行動。
2. 足以支撐行銷人員訂定較高的價格，使產品或服務差異化，創造進入及競爭的障礙。
3. 帶領顧客關係走向長期及忠誠。
4. 提供一個平臺，讓新產品源源不絕的推出。
5. 有助於提升員工忠誠度，吸引好人才加入，召募更多合作夥伴企業。
6. 強調品牌帶動價格及銷量上升，並能夠提升股東價值。

十六、理想品牌的五個意涵

理想品牌是一種象徵、一種情緒與感覺的綜合體，具有下列五個意涵的體驗：

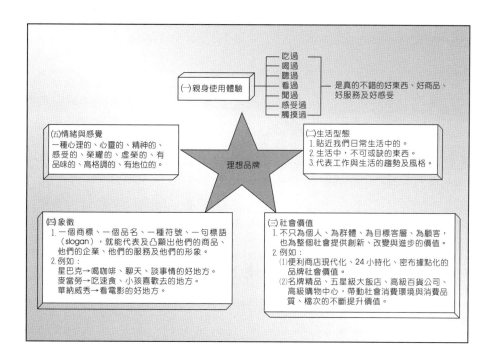

十七、品牌價值的四層構成要素

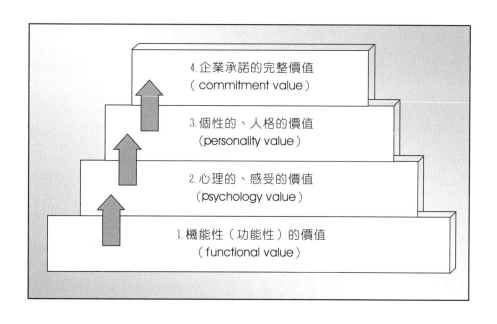

問題思考

1. 請你以下列產品或零售流通業為列，提出這四層的品牌價值說明，包括：誠品生活松菸店、新光三越A4女性館、SK-II化妝品、星巴克咖啡館、101精品街、LV皮包、GUCCI皮包、Cartier鑽錶、Benz轎車等。
2. 請你從企業經營者角度思考，你要如何才能使公司的全體員工都能貫徹最高層次的企業，對品牌承諾負責完整價值的體現，並成為企業文化的必要一環？你將會採用何種做法？（如何做呢？）包括：用人、選人、訓練、制度、獎懲、辦法、表彰儀式、品牌日、經營理念等。

十八、品牌是一項「策略性資產」

　　全球經濟已從工業經濟時代，邁向知識經濟時代，品牌已被許多成功的企業視為一項重要的「策略性資產」（strategic asset），是一項創造企業競爭優勢與長期獲利基礎的智慧資產。如何建立與維持顧客心中的理想品牌，讓品牌擁有很高的品牌價值或權益，是企業應該認真思考和用心投入的課題。理想品牌的建立與維持是一項「耗時」、「花錢」的工作，要有良好的「規劃」和踏實的「執行」。

問題思考

　　品牌打造不可能有「速成班」，要耐心且長期性的去規劃及執行。另外，打造品牌需要花錢，但必須有效果的去花錢，否則錢是白花的。

十九、品牌等於消費者「心理位置」

　　品牌在消費者心中有著獨特地位，被放在消費者的心理位置。

1. 品牌絕非只是一個商標、一個廣告，或是一個促銷活動，而是消費者（顧客）根據他們所認知之心理和功能上所產生的收穫、所有印象內化後的總和，並放在他們「心理位置」中所產生的獨特地位。必須是所有從上至下的：(1)員工；(2)顧客；及(3)所有利益關係人（通路代理商、通路經銷商、供應商）都要努力的，其中包括產品和服務的品質表現、公司財務績效表現、顧客忠誠度、滿意度及對品牌整體評價的

感覺。

2. 當消費者取得產品或服務，會將特定名稱與他們認知的利益連在一起，而這個名稱就變成了品牌。當名稱與利益結合在一起的程度愈來愈強時，品牌就會產生所謂的權益（equity），一個沒有資產或沒有權益的品牌，是不能稱為品牌的。

註：在會計的資產負債表上，有資產、負債及股東權益三大項目。而且，資產＝負債＋股東權益。因此，資產及權益都是正面有利的東西。

問題思考

有哪些品牌在你的心目中，是具有深刻的心理位置及獨特地位？

「一個成功的領導品牌並非第一個進入市場，而是第一個進入消費者腦海裡的。」

問題思考

想到喝啤酒，哪個品牌？想到看新聞頻道，哪個品牌？想到看洋片，哪個頻道？想到國外旅遊，哪個國家？想到喝茶飲料，哪個品牌？想到喝咖啡，哪家店？想到購物，哪個量販店？想到買車子，哪個品牌？

1. 「行銷並非一場產品戰，而是顧客腦海裡的一場認知戰。」
2. 「顧客腦海裡對於每類產品都有一個階梯，不同的品牌位於不同的階梯，均有適當的策略可供運用。」

二十、建立品牌的四大基本原則

1. 建立品牌是要與正確的目標消費群有關。
   目標消費群可依性別、年齡、所得、職業、學歷、已未婚、心理、價值觀、生活型態、個性、宗教等加以區隔化。

2. 品牌形象就是當消費者想到一家公司、一個人、一個產品時，所想到的所有一切。想到ASUS、acer、Starbucks、7-ELEVEN、SONY、IKEA、momo、Apple、Google、FB、IG、YouTube等，你就想到了什麼？

3. 品牌形象就是一個企業的所有一切。例如：遠東集團、台塑集團、國泰集團、鴻海集團等。
4. 品牌形象依靠的是持續不斷的照顧及呵護。

二十一、品質、品味與品牌三者區別

㈠品質

是企業對消費者的金錢支出，可以得到代價的一種承諾，是基本的功能滿足。但是，一分價錢，就有一分品質，價錢多少等同於品質的好壞與高低。

㈡品味

是企業文化所要傳達給消費者的特質，要看能否引發認同及肯定。例如：誠品連鎖書店或誠品生活松菸店，所傳達給消費者的藝文、閱讀、生活與知識的品味感受。

㈢品牌

是為企業的定位提供一個橋梁與企業識別系統，傳達總體性功能與感性心理的需求。例如：新光三越就代表著臺灣優良的百貨公司購物場所與品牌形象。

> **問題思考**
>
> 　企業行銷與經營，必須穩定及提升品質、引領品味趨勢及打造具有口碑的品牌。

二十二、品牌五大謬誤

企業界發展品牌時，最常發生下列五項錯誤觀念：
1. 負責品牌發展的單位並非是「廣告代理商」或是「行銷部同仁」，應是全公司、全體部門、全部體系、全體員工均需投入。即使是一位總機小姐、一位門市小姐、一位專櫃小姐、一位客服中心的服務小姐等，均包括在內。
2. 品牌只不過是一個註冊商標、標語、廣告、促銷或是公關活動，只要

頻打廣告，就能打響品牌知名度。錯了，那只是表面的、浮面的、一時的、視覺的、非內心的宣傳之感覺而已。

3. 品牌是用錢堆出來的，有錢才能大打廣告，才有資格建立品牌，沒有錢，是不能建立品牌的。這種想法也不完全正確，建立品牌，當然要花錢，也要打廣告，但是為何星巴克（Starbucks）不打廣告亦能成名？錢一定要花在刀口上，一定要有計畫、有創意、有效益、有邏輯的花出去，才會有代價出來。

4. 品牌管理不就是管理商標、廣告、促銷活動嗎？交由行銷部門或廣告人員負責就好了，何必勞師動眾要全員動起來？我們專注自己部門的工作都忙得沒時間，哪有心力再投入品牌管理工作。錯了，當製造部及品管部沒有把產品的功能及品質做得比競爭對手更好時，顧客就會遠離而去。當顧客到餐廳現場感受不到頂級服務或覺得口味不好吃時，下次也不會再光顧了。此時，品牌也不會有了。

5. 認為沒有辦法算出品牌價值，因為無法在會計科目上詳細算出來。錯了，現在已有專業評量與計算品牌價值的專業公司、公式、內涵及算法。例如：英國的Interbrand公司最有名。

二十三、品牌經營應具備的五項要點

1. 絕對不要因成功而自滿，必須隨時具有危機意識，不斷地自我檢討和改進。
2. 絕對不要忽視市場的變化，必須密切注意消費趨勢的改變，及早採取因應措施。
3. 對於競爭者的行動應提高警覺，不能讓競爭者有機可乘，也必須採取壓制或圍堵策略，以防競爭者坐大，帶來更大的威脅。
4. 品牌的建立不是一蹴可幾，必須經過長期不斷的累積，同時建立品牌也不只是靠廣告而已，必須採取各種不同的行銷手段，才能發揮功效。
5. 必須不斷追求創新，不只是產品的創新，還有行銷手法和創意的創新，才能維持領先地位。

二十四、建立品牌最大的挑戰

Lippincott Mercer設計暨品牌策略顧問公司，提出建立品牌最大的挑戰如下：

1. CEO的決心最重要，他必須有意願及興趣，因為品牌工程是長時期的規劃及投資，不僅是行銷部門的工作。
2. 要拉近理想與現實的差距，必須確定品牌程序、品牌承諾能被有效溝通，以及實力不到不能先做；太慢做，則可能失去先機。

第三節　認識品牌

一、品牌定義

1. 根據行銷學者菲利普・柯特勒（Philip Kotler）對品牌所下的定義為：「品牌就是一個名字、名詞、符號或設計，或是上述的總和，其目的是要使自己的產品或服務有別於競爭者。」
2. 《藍燈書屋英文大字典》對品牌名稱的定義是：「具有高知名度品牌名稱的產品或服務。」但是品牌名稱不一定是品牌，因為品牌的定義為：「有一些或多種異於他牌特色。」
3. 經營化妝品的露華濃（Revlon）創始人查爾思・雷弗森（Charles Revson）認為品牌的定義是：「在工廠我們生產的是化妝品，在店裡我們販賣的是美麗與青春的希望。品牌的終極目標是要建立偏愛，而加速消費者使用的決心。」
4. 聯合利華（Unilever）董事長邁可・貝瑞（Michael Perry）曾對品牌做出以下的詮釋：「品牌者擁有品牌」、「品牌是消費者如何感受一個產品」。
   「品牌代表消費者在其生活中對產品與服務的感受，而滋生的信任、相關性與意義的總和。」
   「我們（消費者）建立品牌的形象，就如同鳥兒築巢一樣，從我們隨手擷取的稻草雜物建造而成。」
5. 依法奎哈（Farquhar）（1990）之見，品牌則是「一個能使產品超過其功能而增加價值的名稱、符號、設計或標記」。此定義很明顯地已經展露出品牌所具有的附加功能，品牌不再只是用來作為差異化的工具，它已經超脫了以往的藩籬，其所擁有的附加功能，成為形成品牌權益的基礎。

二、品牌內涵的意義及功能

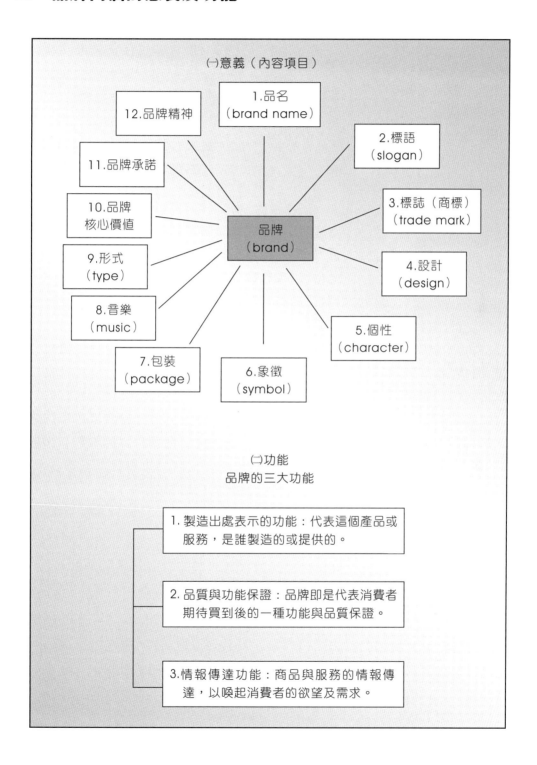

㈠意義（內容項目）

1.品名（brand name）

2.標語（slogan）

3.標誌（商標）（trade mark）

4.設計（design）

5.個性（character）

6.象徵（symbol）

7.包裝（package）

8.音樂（music）

9.形式（type）

10.品牌核心價值

11.品牌承諾

12.品牌精神

品牌（brand）

㈡功能
品牌的三大功能

1. 製造出處表示的功能：代表這個產品或服務，是誰製造的或提供的。

2. 品質與功能保證：品牌即是代表消費者期待買到後的一種功能與品質保證。

3. 情報傳達功能：商品與服務的情報傳達，以喚起消費者的欲望及需求。

三、可以品牌化的對象有哪些？

	品牌的對象	品牌化案例（都可以成為品牌）
㈠商品	1.消費財	汽車、家電、食品、飲料、精品、日用品等
	2.生產財	機械設備、零組件等
㈡服務	1.零售流通業者	百貨公司、量販店、超市、便利商店、購物中心
	2.其他服務業	信用卡、書店、房仲業、餐飲、銀行、媒體等
㈢組織與人	1.組織	企業、大學、公共機關、非營利團體（慈濟、佛光山、中台禪寺）
	2.人	藝人、政治家、運動選手（世界性足球、棒球、賽車、籃球）
㈣場所	1.產地	流行時裝（義大利）、精品（法國）、人蔘（韓國）、牛肉（美國、澳洲）
	2.其他	觀光地、活動舉辦地等（《大長今》／《冬季戀歌》拍攝場景成為韓國觀光勝地）

問題思考

　　品牌化的對象，真的無所不在啊！因為品牌化之後，就可以創造出更高、更多的價值。所以，每個人、每家公司、每個商品、每個集團、每個地方都要追求品牌化。

四、品牌相關名詞的釐清

㈠產品（product）

　　一個有形的、物質化的東西。

㈡品牌（brand）

　　是抽象的，是消費者對這個產品、這家公司、這個服務一切感受的總和，也是一種喜愛、忠誠、親密、認同、心甘情願與偏愛的一種關係。

㈢品名（brand name）

例如：Citibank、TOYOTA、iPhone、Apple、momo等。

㈣品標（brand mark）

是一種標誌字型、字體、圖形、符號設計等，例如：PLAYBOY的兔子、迪士尼的米老鼠、麥當勞的金色拱門等。

㈤商標（trade mark）

是經註冊的品牌，於法有據的品牌，可被法令保護的，包括標準字型、圖案、象徵、設計或是以上的綜合體。

㈥品牌形象（brand image）

品牌形象即指：
1. 由品味、風格、成就、地位、「令人感覺很好」等因素組合而成的本質。
2. 由行銷及廣告人員創造出來的概念和結果。
3. 可以驅動品牌資產的形成及累積，然後形成價值。

問題思考

品牌三部曲：打造優良品牌形象→形成品牌資產→提升企業價值。

五、品牌的功用

㈠對消費者

1. 對商品製造廠的來源識別。
2. 責任歸屬的明確化。
3. 搜尋時間及成本的節省。
4. 風險的降低。
5. 品質的象徵。
6. 形象、生活型態、自我實現欲望的投射。

㈡對通路業者

1. 與其他商品的明確區分。
2. 流通業者自身的區別、差別化。
3. 交易商品的品質維持。
4. 顧客支持的獲得（顧客習慣性購買）。
5. 營收及獲利的確保（僅有品牌的商品，其銷售量及毛利額均會較高）。

㈢對製造業者

1. 對商品差異化與定位的明確化。
2. 高忠誠度顧客的獲得。
3. 商標權等法律手段的保護。
4. 對競爭優勢的產生。
5. 有助營收擴大及較長期性的安定。
6. 超額價格（高定價）的可能實現。
7. 價格的安定性，較不會陷於低價追逐。
8. 獲利率穩定且高一些。

六、品牌構成的三個價值

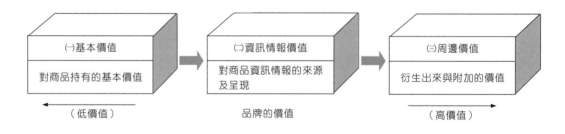

例如：

	㈠基本價值	㈡資訊情報價值	㈢周邊價值
1.汽車	省燃料費、行駛馬力強、安靜等功能	設計與電視廣告內容等	售後服務及經銷店優質服務等
2.清潔日用品	洗淨力強等功能	包裝、外型、廣告內容等	使用便利性、環境性考量等
3.高級皮件	高級素材、精緻工藝、耐久功能等	設計、生活型態（life style）、流行趨勢等	專門店、賣場、企業頂級形象、銷售員的信賴、價格不降／穩定及售後服務態度良好等

　　品牌行銷人員應想方設法在這三個價值領域，多做一些行銷企劃案出來。

七、形成品牌形象的六種來源面向

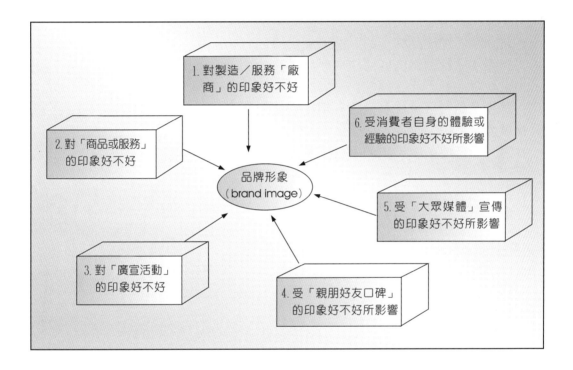

本章習題

1.試圖示宏碁創辦人施振榮的「微笑曲線」，並說明其意涵為何？
2.何謂「三三三市場法則」？
3.試說明全球奧美集團執行長夏蘭澤女士對「品牌」意涵的詮釋為何？
4.試說明P&G公司前任執行長雷富禮對P&G品牌成功的觀點為何？
5.何謂市占率？何謂心占率？
6.何謂品牌的「溢價支付」效果？
7.企業品牌價值取決於哪兩個客觀評價？
8.試圖示「理想品牌」的五個意涵為何？
9.試圖示品牌價值的四層構成要素為何？
10.試說明品牌五大謬誤為何？
11.試說明品牌經營應具備的五項注意要點為何？
12.試圖示品牌之意義及功能為何？
13.試圖示形成品牌形象的六種來源構面為何？

成功品牌要素

第一節　成功品牌應具備之要素及利益

一、品牌特性

成為一個具有影響力的品牌，應具備下列三種特性：

㈠獨特性

每個品牌都是獨一無二的，具有鮮明的個性及差異性，是別人不易模仿或取代的，並在消費者心中搶占一席之地。

例如：海尼根啤酒、SK-II化妝保養品、賓士轎車、iPhone手機、三立與民視八點檔本土閩南語戲劇、《哈利波特》小說等，都具有相當的獨特性。

㈡單純性

品牌愈單純，就愈有焦點、愈有力量。過於複雜或不當擴張及延伸時，品牌印象就會混淆、模糊及失焦。

例如：LV、GUCCI、CHANEL、HERMÈS、Cartier、PRADA、FENDI、COACH等名牌精品的戶外、報紙、店面、雜誌等廣告，永遠都是以簡單的幾個字呈現出來，不會有很複雜的背景或畫面。

㈢一貫性

品牌的概念、主張及做法呈現，必須「一以貫之」，不可輕易改變。

二、成功品牌應具備的要素及利益

1. 產品（或服務）本身具備的功能，必須符合及滿足市場需求的功能。這是基本的要素，也是顧客導向的本質。例如：美白、抗老、保溼是

保養品的基本需求。

2. 品牌獨特的價值，能夠增加產品的附加價值。例如：TOD'S名牌皮鞋的皮革、LV或GUCCI名牌包包的皮革及製作過程，均甚為嚴選及精緻，與眾不同。

3. 品牌提供的各種利益，必須與實際宣傳的內容名實相符、表裡一致，並形成整體的個性或風格，才會有好口碑。

4. 品牌所提供的價值，必須是符合消費者認知的心理與功能兩種不同利益。

三、案例：LVMH 如何打造明星品牌？

1. 真正高品質的保證：至少禁得起十年、二十年以上時間的考驗，且對每一個製造細節品質有所堅持。

2. 時尚感、流行感：再不擁有，你就落伍了。

3. 維繫高形象、優質品牌形象。

4. 成長與獲利後，再投資設備與廣告，形成良性循環。

問題思考

LV公司究竟是如何做到以上四點，打造明星品牌？

LVMH精品集團的產品線與品牌名稱

(一) 流行及皮草類	(二) 香水及化妝品類	(三) 手錶及珠寶類	(四) 酒類	(五) 精品零售類
1.LV（Louis Vuitton） 　（路易威登） 2.CELINE（思琳） 3.LOEWE（羅威） 4.GIVENCHY（紀梵希） 4.Dior（迪奧） 6.FENDI（芬迪） 7.Pucci（普吉）	1.Christian Dior 香水（克莉絲 汀香水） 2.GUERLAIN （嬌蘭） 3.KENZO 香水 （高田賢三）	1.TAG Heuer （豪雅錶） 2.Dior	Hennessy （軒尼詩）	DFS 免稅商店

四、品牌核心及重點

Kevin Lane Keller提出，一個好的品牌核心主題，應兼顧三個重點：一是強而有力的訊息；二是消費者喜歡的訊息；三是獨特的訊息。

三種訊息要以同一個聲調發聲，才能充分反映出品牌的定位與個性。

維持「one voice」（一種聲音）。

例如：1. 家樂福：「天天都便宜」、「天天都新鮮」。
　　　2. 華碩電腦：「華碩品質，堅若磐石」。
　　　3. 星巴克：「品味咖啡／品味人生」。
　　　4. 國泰人壽：「最老牌、最不會倒的壽險公司」。
　　　5. SK-II：「美麗人生」。
　　　6. 7-ELEVEN：「便利的好鄰居」、「always open」、「有7-ELEVEN真好」。

五、創新，才能擴大品牌效益

智融集團董事長施振榮也提出相同的見解，強調「企業必須靠創新來提升競爭力」，創新技術、產品、系統、服務或生意模式，都有助於品牌之建立與維持，同時要藉由持續不斷、形象一致的創新，才能發揮強化作用，進而擴大品牌效益。

3. 宏碁電腦推出「宏碁數位宅修」的PC維修服務公司，獲得好評。

4. 雄獅旅遊創造網路旅遊下單服務模式，有別於傳統旅行社。

5. 微軟公司文書作業系統（Windows）均定期更新版本，而且添加新的附加功能（例如：Blog等）。

第二節　消費者心目中的理想品牌五力

一、消費者心目中的理想品牌五力

㈠品牌知名度（brand awareness）

整體來說，知名度在臺灣是非常重要的。很多國外企業選擇臺灣作為測試市場（test market），是因為臺灣的市場不大不小，且擁有2,300萬人口，人口密度高，人口規模剛剛好，不會太分散。再加上是擁有3萬美元個人所得的海島型國家，如果在這個市場測試成功了，就可將經驗發展至全世界；萬一失敗了，也不會有太大的影響。

從臺灣自己的角度來說，臺灣市場很重視品牌，所以品牌知名度是一個最基本的（basic）要件，除非是在廉價的路邊攤與夜市買的商品，就不用靠知名度，否則沒知名度的產品，在臺灣幾乎不可能成為暢銷的商品。

問題思考

企業應努力打造品牌知名度，但應如何打造呢？公司有資源支援嗎？包括可否做廣告、找代言人、做旗艦店、媒體操作等。

㈡品牌銷售力（brand sales）

品牌的第一關考驗，就是銷售力，它是first cut。任何品牌都必須通過第一關，因為消費者必須產生第一次的購買行為，才有可能形成後面的重複購買，所以第一關的考驗是銷售力，過了這一關，以後才有戲可唱。也唯有銷售成功，才有獲利可言。通常在百貨公司一樓設置專櫃者，都必須達到一定銷售業績目標要求。

(三) 品牌忠誠度（brand loyalty）

品牌的忠誠度是要長期經營的，因為它關係品牌的成效。如果一個品牌有銷售力，但卻沒有忠誠度的話，那麼它的行銷成本會非常高，因為若消費者只有一次購買，那麼企業所需付出的成本就會比較大。因為通常低頻率的顧客，其獲利來源貢獻度是很低的。

大家都知道，投資在新顧客身上，使他產生第一次購買行為的成本，是投資現有顧客重複購買成本的5到8倍，這也是最近非常重視會員經營與會員行銷的原因。

(四) 廣告有效度

廣告有效度運用在拓展新客戶上，仍是一項非常有效的指標。現在臺灣各種品牌間的競爭非常激烈，隨時都有新產品不斷推出。無論是新產品推出或想要拓展新市場，廣告就是一個爆炸點，可以在短時間內引爆新客戶，然後再用銷售力（短期）或忠誠度（長期）支撐這個品牌。

問題思考

請你試提出某種產品或某公司，如何擬定提升品牌忠誠度的企劃案？

(五) 品牌推薦力

品牌推薦力是一個新的品牌指標，有推薦力表示顧客不但對自己的品牌忠誠，還會推薦給他的人脈圈。這是一個品牌的後續考驗力，是比品牌忠誠度還要更高層次的指標，就是所謂的口碑行銷，也是行銷手法中常用的「會員介紹會員」（Member Get Member, MGM）。

問題思考

請你試擬一個「會員介紹會員」的行銷企劃案。

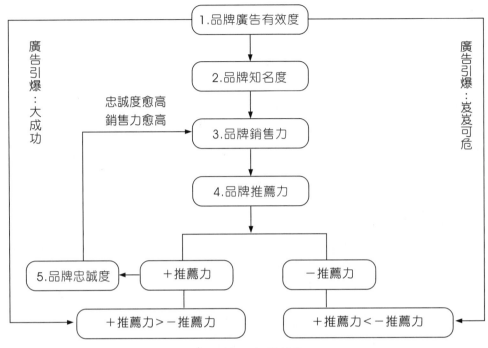

▲ 品牌五力關係圖

問題思考

公司各相關部門應如何與國際合作,同時提升理想品牌五力?廣告做不好、知名度不高、銷售力不強、忠誠度不高,應如何加強改善這些弱點?

二、品牌選擇與消費者行爲過程

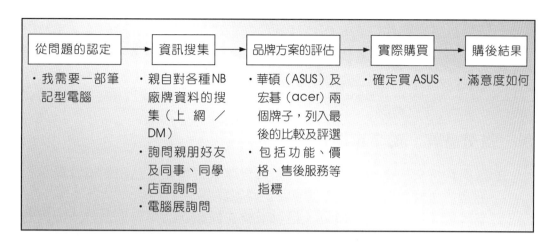

從問題的認定	→	資訊搜集	→	品牌方案的評估	→	實際購買	→	購後結果
・我需要一部筆記型電腦		・親自對各種NB廠牌資料的搜集（上網／DM） ・詢問親朋好友及同事、同學 ・店面詢問 ・電腦展詢問		・華碩（ASUS）及宏碁（acer）兩個牌子，列入最後的比較及評選 ・包括功能、價格、售後服務等指標		・確定買ASUS		・滿意度如何

問題思考

在上述過程中，廠商有哪些行銷可努力的地方及做法呢？例如：應如何提升及加強提供顧客更好與更完整的資訊內容和方案評估內容呢？因爲資訊情報的提供，亦是顧客價值的一種。

三、爲何要不斷提升品牌的附加價值？

(一)消費者觀點

人的欲望及需求不斷地被提升，消費者的價值觀及生活型態也隨著時代改變，因而企業也要不斷提升品牌的附加價值。

(二)競爭者觀點

競爭品牌對手不斷推陳出新，且不斷改善、改變與進步，必須保持競爭意識，否則不進則退。

問題思考

　　請你想想有哪些公司、哪些品牌提升他們什麼樣的附加價值？是設計、材質、口味、尊榮服務、贈品、限量預購、價格優惠或心理上滿足等附加價值嗎？

四、強勢品牌，獨享市場利益

1. 長期且持久的高市場占有率，因為全球或當地知名品牌的優良形象已經塑造而成，擁有一批忠實的固定顧客群。
2. 享有較高價位或極高價位，絕對不會在同類商品中有低價位或促銷的狀況出現。
3. 品牌能夠不斷延伸產品線。
   例如：CHANEL有皮包、圍巾、鞋子、服飾、香水，也有化妝保養品系列。
4. 能夠延伸到新的客層市場。
5. 能夠拓展新的全球地區。
   例如：LV精品、CHANEL、HERMÈS精品、TOYOTA汽車、Benz/BMW汽車、SAMSUNG（三星）、Panasonic、Starbucks、Disney、acer/ASUS、SONY PS4/PS5、Cartier鑽錶及鑽石項鍊、P&G日用品。

⬧ LV位於巴黎香榭大道上的旗艦店

本章習題

1. 試說明成為一個具有影響力的品牌，應具備哪三種特性？
2. 試說明成功品牌應具備的要素及利益為何？
3. 試分析為何「創新」才能擴大品牌效益？
4. 試圖示品牌五力之間的關係為何？
5. 試說明廠商為何要不斷提升品牌的附加價值？
6. 試說明強勢品牌為何能獨享市場利益？

第3章 品牌資產（權益）與品牌元素（brand element）

第一節 品牌資產（權益）

一、品牌資產（brand assets）（權益）的意義

㈠資產是什麼？權益是什麼？

資產負債表中，資產＝負債＋股東權益，故資產與股東權益均對公司有正面意義與正數。企業經營就是要不斷創造及累積更多、更大的資產及股東權益的價值，因為品牌資產或品牌權益就是指品牌價值，要努力提高它。

㈡顧客基礎的品牌權益

Kevin Keller教授認為，「顧客基礎的品牌權益」（Customer-base Brand Equity, CBBE）即是：「品牌價值的大小是由顧客或購買者來決定，而不是由企業本身自行去認定，顧客或購買者認為某個品牌有價值，這個品牌才有價值。」此即Kevin Keller教授所指的「顧客基礎的品牌權益」的觀念。因此，品牌價值的大小要從顧客或購買者的角度去探討，才是顧客導向的落實。

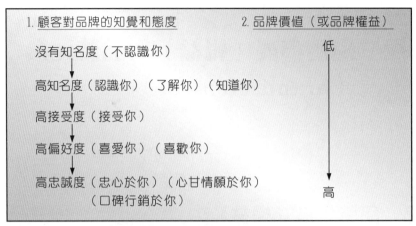

品牌價值（或品牌權益）的高低

企業應如何不斷提升知名度、接受度、喜愛度及忠誠度？

　　從「顧客基礎的品牌權益」觀點來看，品牌的價值要從建立品牌知名度開始，當大多數購買者都不知道某品牌的存在時，這個品牌的價值是很小的，當這個品牌擁有高知名度時，品牌價值就提高了。但品牌只有高知名度是不夠的，品牌還要有高接受度、高偏好度和高忠誠度，才能成為一個強勢的品牌或理想品牌。如上圖所示，當品牌隨著知名度的建立，以及接受度、偏好度和忠誠度不斷提高時，品牌價值就不斷提高，品牌權益也愈來愈大。

（三）品牌資產（或權益）的意義

　　大衛‧艾格（David Aaker）教授更認為，明星品牌權益是一組與品牌、名稱和符號有關的資產，這組資產可能增加產品（或服務）所帶來的權益。品牌權益內容為何，就David Aaker在《管理品牌權益》（*Managing Brand Equity*）一書中提出，其內容包括：

1. 品牌忠誠度（brand loyalty）。
2. 品牌知名度（brand awareness）。
3. 知覺到的品質（perceived quality）。
4. 品牌聯想度（brand associations）：想到Nike、想到Starbucks、想到McDonald's、想到Coca-Cola、想到雀巢（Nestle）、想到SK-II、想到資生堂、想到⋯⋯，此與產品性質及特色有關聯。
5. 其他專有資產。

二、品牌權益內涵説明

㈠品牌權益的概念

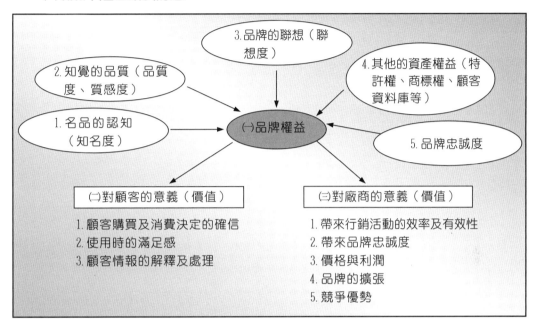

例如：LV、SK-II、CHANEL、GUCCI、Benz等商品購買及使用時的品牌權益，帶給顧客的意義及價值是什麼？

㈡品牌權益五個因素互動關係

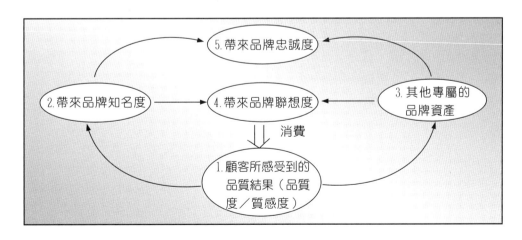

三、品牌資產價值的七個度

　　根據作者本人過去在企業實務界的工作經驗顯示，品牌資產價值的內涵，應該要有七個度，如下圖所示：

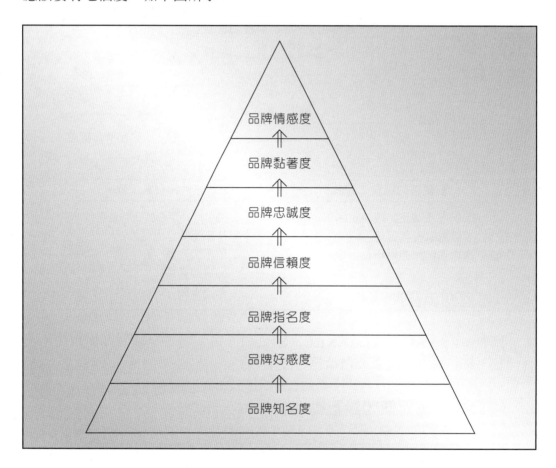

　　上圖所示的意涵，就是企業的品牌經理們要從產品面、定價面、通路面、廣告面、宣傳面、服務面、技術面、公益面等諸多面向，去營造出上圖所示的品牌資產價值之「七個度」，那麼品牌必會成功。

四、品牌知名度（brand awareness）

㈠品牌知名度的重要性

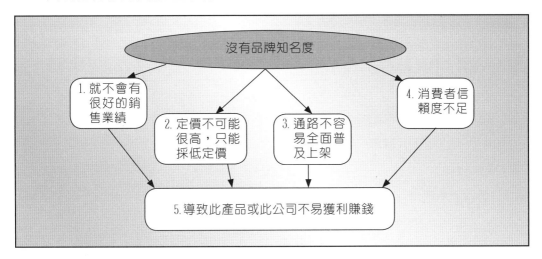

㈡如何知道品牌「知名度」（awareness）？

　1. 科學化市調

以大樣本（千人以上）全臺做電話訪問問卷調查。

調查結果：

例如：品牌知名度70%（七成的人知道此品牌）。

　　　品牌知名度20%（只有兩成的人知道）。

　2. 市場人士推估

藉著該行業市場第一線業務人員的感受而推估，但較不具有說服力與精準度。

　所以，品牌行銷操作的第一個目標就是要打造、打響品牌知名度。

㈢如何打造品牌知名度？

1.沒錢做電視廣告的小品牌（多利用社群媒體經營粉絲）

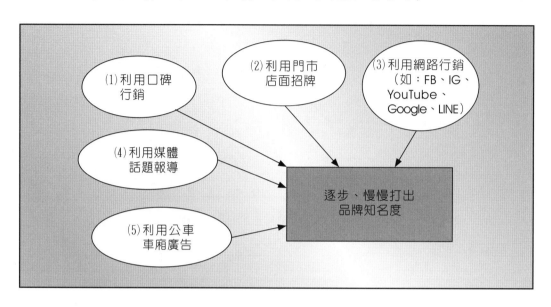

2.有錢做廣告的品牌（以打電視廣告為主力）

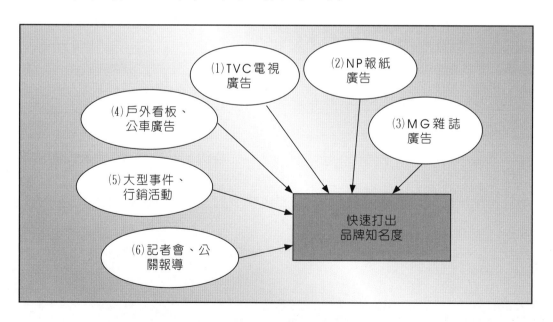

㈣ 品牌知名度如何產生？五種來源

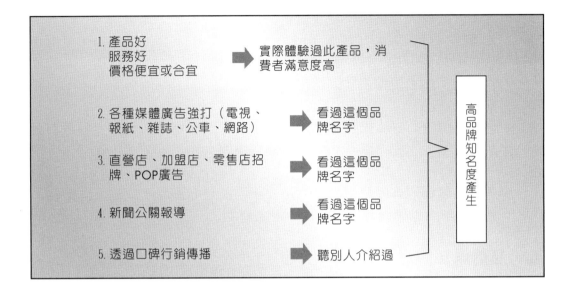

㈤ 從低知名度到高知名度，應做好七件事

做好以下七件事，知名度必會逐步上升：
1. 務實做好產品力與服務。
2. 適度花一些錢打廣告。
3. 做好公關報導與媒體關係。
4. 透過良好的口碑行銷傳播出去。
5. 運用店招牌、店頭POP廣告、試吃、試喝。
6. 製造或創造新聞話題。
7. 定期做大型節慶促銷活動。

㈥ 如何建立品牌知名度？

1. 要讓品牌知名度達到一定的水準，首要做的是營業額一定要有不錯的
   表現。如果營業額很低，要建立品牌知名度是非常困難的（因為營業
   額可以有助宣傳及報導）。
2. 必須運用視覺及傳播強化品牌品名，以及增強品牌元素。其中包括撥
   款打造一個獨特性強、易於記憶又響亮的標語，以及建置一系列品牌
   元素，如：商標、標記、特色及包裝。（例如：植物の優、油切の

茶、茶裏王、康師傅、LEXUS、伯朗咖啡、馬自達汽車等。）

3. 運用一致性，且具有廣大範疇的溝通管道提升品牌知名度，其中包括運用：⑴廣告（例如：電視廣告、戶外大型廣告、報紙廣告、網路廣告等）；⑵代言人（例如：LG家電用李英愛、DHC用Rain、東森購物用裴勇俊、SK-II用大S、植物の優用林志玲等）；⑶促銷；⑷贊助（例如：ING贊助臺北國際馬拉松賽事）；⑸公共關係報導及⑹旗艦店等。

4. 運用非傳統的方法來打造品牌，如事件行銷、舉辦活動、參與競賽活動（例如：李安《斷背山》電影獲得國際大獎）等方式，以引起大眾注意。

5. 運用品牌延伸，即藉由品牌應用在不同品類的產品，或是不間斷推出新產品，有助品牌知名度的提升。

五、品牌聯想的意義

1. 品牌聯想是指人們透過記憶的反射，連結到與品牌相關的所有事物，也就是品牌在消費者心中的能見度。當消費者想到某一個品牌時，他們所能聯想到的內容，而這些內容就是所謂的品牌聯想。品牌聯想可以幫助處理消費者腦海中的資訊，創造正面的態度與感覺。

　⇒當品牌聯想太少、太弱、模糊不清或說不出來時，就表示此品牌缺乏明顯的特色，可能是失敗的品牌。

2. 根據消費者心理學家發現，消費者知識常是用人們的記憶結構中，對資訊搜集及理解的多寡來界定。雖然記憶結構有許多理論加以探討，但是聯想網路（associative network）卻是學者喜愛引用的理論之一。

3. 就聯想網路理論基礎而言，記憶是由點（概念）和線（代表點和點之間的連結）所構成。比如說，麥當勞（McDonald's）在消費者心目中的連結網路，就是以麥當勞的金色拱門、麥當勞叔叔作為許多概念的連結，這些概念包括歡樂、乾淨、快速、兒童，只要想到速食漢堡，就會聯想到麥當勞。

4. 例如：想到八大戲劇臺，就會聯想到曾播過《大長今》、《冬季戀歌》、《浪漫滿屋》、《藍色生死戀》等好看的韓劇。想到韓劇，就想到八大頻道好像最多、最快、最好。

　　想到新聞頻道，首選是TVBS。

　　想到三立及民視八點檔，就想到本土的閩南語連續劇，那些常見的本土演員，及呈現出的戲劇風格和編劇內容。

5. 品牌聯想度（想到什麼？）

例如：想吃西式速食？

想看電影？

想買部車子？

百貨公司週年慶？

超市買東西？

感冒頭痛藥品？

老人骨骼保養品？

6. 品牌「連結度」是什麼？

消費者：

⑴買東西時，第一個會想到它。

⑵它就是為我而設計的。

⑶是一種情感性的連結。

⑷我喜歡它的風格（style）。

⑸它跟我的身分地位很接近。

例如：最好喝的鮮奶？

喝咖啡聊天的地方？

買鞋子的店？

買牙膏？

買高級熱水瓶？

買平板電腦？

買中古屋？

外出吃飯？

7. 品牌聯想度＝品牌心占率

所以，行銷人員要強化消費者對本公司品牌的高聯想度及放在第一位的聯想度。

問題思考

　　想到誠品生活、想到家樂福、想到101購物中心、想到統一企業、想到味全等，你會有什麼品牌聯想呢？

　8.品牌聯想對累積的品牌形象提供五種價值（利益點）

⑴幫助消費者搜尋及處理資訊。

⑵差異化品牌的訴求。

⑶給予消費者購買的理由。

⑷成為品牌延伸的基礎。

⑸可以提供品牌的附加價值。

六、品牌忠誠度（brand loyalty）

㈠品牌忠誠度是什麼？

品牌忠誠度＝持續性的再購率、重購率＝習慣性的買此品牌，很難更換品牌。

例如：某人一輩子 → 都用好來牙膏刷牙。

　　　　　　　　→ 都買TOYOTA的汽車。

　　　　　　　　→ 都買克寧奶粉。

　　　　　　　　→ 都買白蘭洗衣粉。

㈡品牌忠誠度的意義

1. 品牌忠誠度是品牌權益的核心部分，是用來衡量消費者重複性購買的多寡，以及是否偏好特定品牌，而拒絕購買其他替代品的程度，同時亦可反映出消費者購買同一公司、品牌及產品品項的可能性。品牌忠誠度亦是顧客與產品或品牌間相互關係的準則，會影響獲利程度。獲利不只取決於消費者願意買多少，也取決於願意花多少錢來購買。如果一個品牌能夠在競爭市場廣泛獲得消費者的信賴和愛戴，並持續占有市場，則相對會成為強勢品牌及首選品牌。

2. 具品牌忠誠度的品牌，可以降低成本、吸引新顧客（會員介紹會員），有時間反映競爭者的威脅。

3. 影響顧客品牌忠誠度的因素，包括顧客與產品、品牌及公司三方面，有些因素可以由企業控制，比如說運用價格、促銷活動、服務，贏得

品牌忠誠度；但是有些因素則不能由企業控制，完全取決於消費者的態度，比如說購買習慣、先入為主的意識形態。

4. 品牌忠誠度的建立與維持，並非一蹴可幾，建立品牌只是一個開始，還必須持續對話，了解消費者真正的需要，並且長期不斷地滿足他們的需求，讓他們感到物超所值、感到滿意、感到驚喜及感動。

5. 品牌忠誠度的金字塔

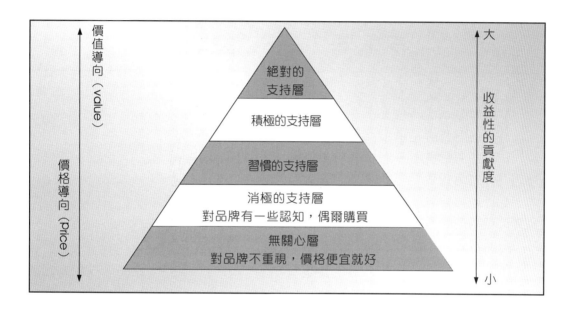

6. 品牌忠誠度帶來的好處
(1) 比較可以穩定業績。
(2) 可以節省行銷推廣支出成本。
(3) 吸引新的顧客上門（具口碑效果）。
(4) 提供廠商一個策略反擊的緩衝時間。
(5) 可獲得零售流通業者的較大支持。

7. 鞏固老顧客至為重要

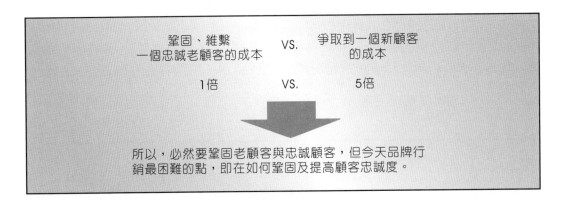

鞏固、維繫　　　VS.　　爭取到一個新顧客
一個忠誠老顧客的成本　　　　　　的成本

1倍　　　　　VS.　　　　5倍

所以，必然要鞏固老顧客與忠誠顧客，但今天品牌行
銷最困難的點，即在如何鞏固及提高顧客忠誠度。

8. 顧客忠誠度為何會下滑、降低？
⑴有些消費者是低價格取向，只買便宜的牌子。
⑵有些消費者並沒有買品牌貨的理念及習慣。
⑶有些消費者是喜新厭舊的。
⑷有些消費者受到別的品牌促銷活動影響，因而轉換品牌。
⑸有些消費者喜歡轉換不同品牌，喜愛多元化、多樣化。
⑹消費者認為產品品質並無差異，廠商水準提高了。

9. 如何鞏固、提高、維繫品牌忠誠度？
⑴每年投資打廣告，reminding提醒效果。
⑵在店頭（零售商）定期舉辦促銷活動（例如：買二送一、全面半
　折）。
⑶不斷推陳出新、創新產品，推出新產品與新品牌。
⑷定期革新包裝、設計、色彩、瓶身。
⑸避免負面、不好的新聞出現。
⑹確保高品質的穩定性。
⑺推出紅利積點或會員優惠活動（例如：會員卡、紅利積點卡）。
⑻做好公益行銷活動。
⑼持續領先品牌的形象地位。

七、品牌喜愛度（likeness）

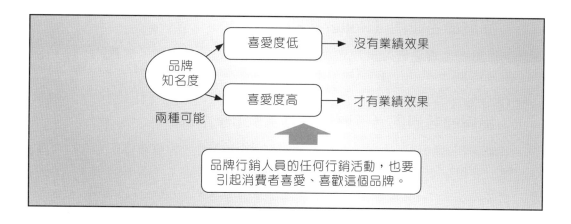

第二節　品牌元素──品牌成功的十六項基礎內涵

一、品牌內涵十六大元素

(一)品牌名稱（品名）。

(二)品牌故事。

(三)品牌標誌（logo）。

(四)品牌slogan（廣告語）。

(五)品牌風格（style）。

(六)品牌精神。

(七)品牌設計與美學（design）。

(八)品牌品質。

(九)品牌音樂（jingle）。

(十)品牌特色、特性或個性。

(土)品牌包裝。

(圭)品牌差異化。

(圭)品牌優越性。

(齿)品牌定位。

(圭)品牌核心價值。

(夫)品牌承諾。

二、品名

㈠品牌命名原則（Keller教授）

1.簡單；2.容易發音；3.熟悉的；4.具有意義的；5.有差異化的；6.特別的；7.不平凡的；8.儘量為2個字或3個字以內，勿超過4個字的品牌名稱。

㈡品牌命名原則（《財星》雜誌500家廠商）

1.產品利益的描述；2.容易記憶的；3.符合公司形象或產品形象；4.可取得商標；5.可廣告促銷；6.具獨特性；7.名字長度合宜；8.容易發展；9.現代感；10.容易理解；11.具說服力。

㈢品牌命名成功案例

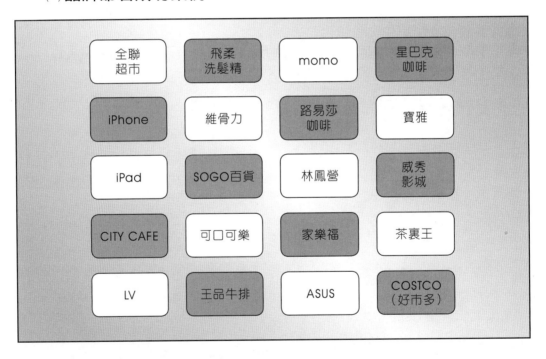

㈣品牌（品名）測試方法（brand name test method）

在實務上，對於一項品牌之定名是頗費時間與傷腦筋的，它可透過各種方式及人員來測試哪一種品牌名稱可能是最理想的，這些方法包括：

1. 偏好測試（preference test）：哪一個名稱最受人喜愛。
2. 記憶測試（memory test）：哪一個名稱最讓人記憶深刻。
3. 學習測試（learning test）：哪一個名稱最好發音。
4. 聯想測試（association test）：在聽到或看到此品牌後，會讓人聯想或恢復什麼記憶與幻想。

　　然後根據以上四種品名測試方法，整合、分析並決定哪一個品牌名稱是最理想的。

㈤品牌識別

1. 要有能吸引消費者的品牌符號與標誌

例如：麥當勞的M型拱門、NIKE的一條勾勾、Benz轎車的三角金架、約翰走路（Johnnie Walker）的Keep Walking、TOYOTA的三角橢圓形、肯德基的桑德斯上校、紫色的BenQ、綠色的acer、藍色的IBM、綠色的ASUS。

2. 善用品牌符號的四種表現

抽象符號、人物、圖形及色彩。

3. 能傳達品牌性格的品牌人物

例如：綠巨人、麥當勞叔叔、萬寶路牛仔、康師傅廚師。

4. 善用虛擬人物

例如：Hello Kitty、唐老鴨、米老鼠、史奴比、小熊維尼、蝙蝠俠、蜘蛛人、史瑞克等。

5. 能凸顯形象、差異的品牌口號

例如：NIKE：just do it。
　　　中國信託：We are family。
　　　全家便利商店：全家就是你家。
　　　ASUS：華碩品質，堅若磐石。

6. 有音樂性的口號形式——品牌短歌

例如：7-ELEVEN的「有7-ELEVEN真好」。

三、標章與標誌（logo & symbol）

㈠標章是企業區分自我企業與其他企業不同處的方式，其中又分為兩大

　　類，一類以文字表示的文字符號，一般稱之為商標，如Coca-Cola（可口可樂）、dunhill（登喜路）；另一類以圖案表示的圖案符號，一般稱之為標誌，如NIKE（耐吉）的勾勾圖案、奧林匹克的五個環圈。

㈡若以具象及非具象來分，又可分為「以具象產品為範圍的商品商標」及「以非具象服務為範圍的服務標章」。

㈢受到法律保護的商標和標誌，應用的範圍非常廣泛，可以應用在產品、名片、宣傳物件、媒體廣告、員工制服、硬體設備上，甚至應用在消費者日常生活之中。

　　商標和標誌最大的利益點，就是透過聯想能夠改變消費者對這家企業的覺知力，消費者可以很容易透過產品的辨認，記得該企業的價值，就像品牌名稱一樣，可以透過行銷活動來強化消費者對該企業的認同。

＾ 品牌標誌

四、個性／人格

1.個性（personality）代表的是一種特有的品牌符號，可以近似人類，也可以具有真實生活的特性。和其他品牌元素一樣，特質具有多元化面貌，有些面貌可以模仿，有些面貌是一種真實活動的象徵。

2.品牌個性可以提供爲數可觀的品牌利益，因爲他們具有色彩及豐富的形象，能夠引起消費者的注意。換句話說，個性能夠創造品牌知名度，同時也能夠幫助傳達產品最主要的利益給最主要的相關利益人。

3.具有強烈品牌個性的品牌，包括萬寶路牛仔、麥當勞叔叔、肯德基桑德斯上校，另外匹茲柏瑞‧傑利（Pillsbury Jolly）出品的Green Giant（綠巨人）玉米罐頭，亦是個中代表。

(一)六大品牌個性元素

1. 純眞；2. 刺激；3. 責任；4. 教養；5. 強壯；6. 未來。

(二)品牌人格形塑三大方向

原來品牌只是一種靜態的符號、名稱、文字、數字或概念，經過人格化策略的洗禮，品牌被塑造爲具有擬人化的明顯特徵，進而此擬人化的品牌人格物質與特徵，以及消費者對產品或品牌的內心知覺緊緊相連，變得具有特殊意義。

品牌人格形塑可大略區分爲品牌擬人化、品牌性別、品牌色彩等三大部分，市場上不乏明顯例子。

1. 品牌擬人化

和人一樣，品牌具有特定的個性，品牌擬人化是將品牌賦予擬似人格的某一種個性與特徵，進而贏得消費者的回應與認同。

例如：

⑴伯朗咖啡給人年輕、活力、陽剛、堅忍的形象。

⑵左岸咖啡獨享人文、文藝、溫馨、歐洲風味的形象。

⑶畢德麥雅咖啡被認爲是專業、精緻、頂級、堅持的代名詞。

⑷韋恩咖啡在酷、粗獷、自由奔放、與眾不同等形象獨享一片天。

⑸歐香咖啡給人浪漫、感性、典雅、品味的印象。

2. 品牌性別

性別是品牌人格的另一重要部分。行銷經理人形塑品牌人格，會刻意將品牌形塑成男性、女性或中性，以便有效搶占消費者的記憶空間。

例如：伯朗咖啡被賦予男性角色；歐香咖啡充分表現女性個性；賓士、捷豹（JAGUAR）、BMW等品牌傳達了十足的男性性格特徵。

3. 品牌色彩

行銷經理人不僅將品牌賦予人格特質，也會刻意將品牌人格特質與某一種色彩連結在一起，一方面容易形塑品牌的獨特性，另一方面有助於消費者記憶與聯想。

研究顯示，顏色具有特定的行銷意涵。例如：⑴可口可樂的紅色代表興奮、刺激、熱情；⑵百事可樂的藍色代表尊敬、權力、高雅，和蘇打水有著微妙的聯想；⑶綠色代表自然、歡樂、輕鬆、健康，讓黑松品牌加分不少。

㈢運用品牌性格，創造品牌價值

1. 以產品的功能利益，創造出品牌性格

例如：

⑴康師傅（中國方便麵）：「味好、料多又大碗」、「嚴選好料，上等工藝」、「就是這個味兒」。

⑵國泰人壽的標幟是一棵百年老榕樹，給人一種四平八穩、可靠有保障之感。

2. 以表達消費者自我，創造品牌性格

例如：

⑴女性擁有LV、Dior、CHANEL、PRADA、HERMÈS、FENDI、GUCCI、COACH、TIFFANY、Cartier等名牌精品的欲望。

⑵萬寶龍（MONTBLANC）名牌鋼筆、原子筆、皮夾、筆記本、皮帶等，表現出專業、典雅、成就的人格特質。

3. 以和消費者發展關係，創造品牌性格

品牌性格的五大特質：

⑴真誠（sincerity）。例如：可口可樂、美體小舖、柯達。

⑵能力（competence）：包括可靠、聰明、成功、負責。

　　例如：PC-cillin趨勢科技網路防毒系統。

⑶興奮（excitement）：大膽、朝氣、富想像力、跟上時代。

　　例如：保時捷、法拉利跑車。

⑷典雅（sophistication）：上流社會、有魅力、有點羅曼蒂克味道。

　　例如：LEXUS、Benz、BMW。

⑸堅實（ruggedness）：堅韌、強壯、戶外特性。

　　例如：伍佰、張惠妹、哈雷機車、LEVI'S牛仔褲。

㈣創造品牌個性與魅力的五個方式

1.採取人物造型,讓消費者留下深刻印象
例如:
(1)麥當勞叔叔的小丑造型。
(2)迪士尼:卡通人物米老鼠、唐老鴨。
(3)日本凱蒂貓(Hello Kitty)。
(4)奇哥兔裝:彼得兔(Peter Rabbit)。

2.利用心理特性
對名牌精品、名牌汽車、名牌服飾等追求時尚及尊榮的心理,塑造品牌個性。例如:雙B汽車、LV皮包、名筆萬寶龍等。

3.使用代言人
聘請明星、名人、意見領袖代言產品,讓品牌更引人注目。

4.符合品牌定位
品牌個性透過正確的定位,能夠讓消費者更容易了解,讓品牌差異化更明顯。
例如:
(1)李維牛仔褲定位為:「擁有傳統歷史的牛仔褲」,讓人感受是堅強、耐久、很性格的。
(2)康寶濃湯(Campell's Soup)定位為「方便夠味」,它的個性是具有像媽媽一樣的親切體驗。
(3)UPS定位為「無遠弗屆的便捷」,它的個性是可以有效率及可信賴的。

5.建立良好形象
從各種管道、各種呈現方式及各種經營與行銷作為中,累積品牌的良好形象。

五、包裝設計

㈠消費者每天都被數以千計的產品包裝所影響,甚至有點麻木,只要有一個具有特色的包裝出現在他們眼前,就能夠抓住他們的注意,所以包裝設計(packing design)也是品牌元素中非常重要的一環。在商標保護下,包裝、容器、產品,甚至連聲音、顏色、式樣,都可以成為獨一無二的品牌形象。而在包裝設計上,所要考慮的不是設計符號多

　　麼漂亮、多麼好看、多有創意，而是要在乎是不是能夠有效、正確的傳達品牌承諾或是主張給消費者。

㈡包裝設計必須要隨著時代潮流變化，因為它必須追得上時代變動，但同時也必須保存視覺意義，並傳遞正面的企業形象。

㈢另外，包裝設計還非常重視視覺設計，一旦消費者對產品有強烈欲望時，就會對產品有相當高的期望。設計師相信消費者有他們的顏色字彙，比如說，生乳就必須使用白色圖騰、蘇打水則必須使用藍色包裝。以下是幾個知名品牌所使用的包裝顏色：

紅色：可口可樂、高露潔牙膏。

橘色：香吉士。

黃色：柯達軟片。

藍色：IBM、Citibank。

㈣為了達成品牌目標，並滿足企業及消費者的需求，包裝設計必須要從美學及功能兩方面著手。美學方面所要考量的是規格、形狀、材質、顏色、繪圖等；就功能性而言，結構設計不但重要，而且十分複雜。比如說，近年來食物包裝材料有很大的革命，不再只是一個罐頭食物，不僅易打開、易攜帶，還具有擠壓功能。有些特殊的包裝，還會延長食品保存期限，尤其是冷凍調理食品的部分。

㈤對企業及消費者而言，包裝設計必須要完成以下四個目標：

　1. 能夠辨認品牌。

　2. 能夠傳達描述性及說服性的資訊。

　3. 確保儲藏時效。

　4. 便利產品的使用。

㈥探索美學經濟的品牌力量

從追求「消費功能」→到追求「消費感受」

↓

LV 產品全球一年銷售 40 億美元，
名牌精品消費已非奢華，而是大眾化。

↓

很多奢華品牌能夠如此受到消費者的青睞，是否代表其在品牌、設計水準、美學風格的突破，乃至勾起人心激情與渴望的策略手法，確實在消費者心中創造了新的標準？

㈦美感經驗，創造消費需求

1. 每個女人都想擁有美的名牌精品

在臺灣遇到十個女人中，或許有四個人擁有LV、GUCCI或CHANEL產品，這是奢華精品大眾化的趨勢，大家渴望購買有設計風格又能保值的產品。

2. 星巴克咖啡美學

星巴克充分運用「咖啡美學」，把咖啡豆的生長、烘焙、沖煮，透過圖像呈現在店面空間，除視覺之外，刻意營造的咖啡「香味」，讓顧客一進門就享受撲鼻美感。

3. 誠品書店美學

塑造文化、藝術、知識與學問殿堂的最佳購物場所。

4. IKEA宜家家居、品東西家居、無印良品

IKEA、品東西家居和無印良品，都是充分運用美學空間的高手。臺灣無印良品營運部經理王炳蘊發現，很多人到無印良品「只是來逛，來享受氛圍」；IKEA訴諸的不是單一沙發的美，而是完整的居家空間布置，每一家店都有居家布置設計師負責營造情境。

㈧品牌美學

FENDI名牌精品開設旗艦店的設計風格：

1. 羅馬古典風格旗艦店

FENDI 2006年在全球開了四家200坪表現公司形象的巨型店，共同特色是以羅馬風格或概念為統一的公司形象，因此地板用古羅馬時代所用的火岩石，牆面大理石則用洞石，顯示歲月侵蝕的痕跡，天花板懸吊下來的則是充分表現歲月與內含特殊切割及紋路的波浪石。這四家巨型店是由世界頂級建築師Peter Marino所設計。

2. 傳達品牌精神與意涵

品牌需要透過空間的設計、規劃與展現，傳達品牌的精神，使品牌具有宗教性、美術館性及表演性的內涵。FENDI透過古羅馬風格，在200坪大的空間，由世界級大師設計規劃，種種風格展現就是要讓消費者以朝聖、膜拜的心情感受品牌精神，進而達到宗教信仰般的忠誠與狂熱，而透過美術館似的高級陳列，使消費者自豪的符號價值更加確認。最後，透過音樂、燈光、設計、材

質選擇及裝飾，提供消費者愉悅的舞臺體驗。

㈨品牌美學：LV全球店的特色

　　LV全球店融合周遭環境的做法，在法國香榭大道是開設古堡風格的店；另外在時尚前衛六本木大丘的LV都是樓梯，連人形立牌都放在樓梯上；香港銅鑼灣的LV店則有三層樓高的電子螢幕。這一切的作為，無非是再次加強品牌空間塑造所提供的美學體驗及要傳達的意象與訊息。

　　LV成功很大的原因，在於充分掌握品牌的品味風格在社會中對消費力的完美體現，由於生活風格是社會或消費趨勢，背後是消費者的品味與美學主張。

　⋀ 品牌美學：LV全球店的特色（日本、法國、香港、新加坡）

六、標語（廣告金句）

　　標語（slogan）就是鏗鏘有力的短句，具有能夠描述及說服利害關係人對品牌認知的溝通功能。通常標語都出現在廣告之中，但也會用在包裝上，或是其他的行銷活動。和其他品牌元素一樣，標語對於品牌權益而言，具有非常高的效率，最大的效用在於用一句短語，幫助消費者了解品牌是多麼地與眾不同。

　　例如：

1. 7-ELEVEN：有7-ELEVEN眞好；Always Open。
2. 中信銀信用卡：We are family。
3. LEXUS汽車：專注完美、近乎苛求。
4. FedEX：使命必達。
5. NIKE：Just do it。
6. 海尼根：就是要海尼根。
7. 華碩電腦：華碩品質，堅若磐石。
8. Panasonic: ideas for life。
9. 福特汽車：活得精采。
10. 麥當勞：I'm lovin' it。
11. 日立：Inspire the Next。
12. Nokia：科技始終來自於人性。
13. 全家：全家就是你家。
14. 中華電信：keep in touch；始終走在最前面。
15. 全聯：實在，眞便宜；便利又便宜。

七、廣告歌曲

廣告歌曲（jingles）是具有音樂性的資訊，經常會環繞著品牌，不論該廣告歌曲是輕音樂、合唱曲、單曲或結尾語等均屬之。

八、品牌故事

SK-II品牌故事

SK-II的名字取自於「神祕之鑰」（Secret & Key）的二個開頭字母，所以簡稱爲「SK」，而代表的意義爲「使肌膚美麗無瑕的神祕之鑰」（Secret Key to Keep Beautiful Skin）。直到pitera正式成爲專利發明後，更改爲「SK-II」，象徵第二代結合了先前SK的科技與pitera成分，而pitera也成爲SK-II的奇蹟。

九、品牌品質

1. 頂級品質

2. 高品質

3. 穩定品質

4. 受信賴品質

5. 手工打造品質

十、品牌定位

十一、品牌特色、風格與精神

　　1.展現獨有的特色；2.展現獨有的個性；3.展現獨有的風格；4.展現獨有的精神；5.展現與別人的不一樣。

十二、品牌設計

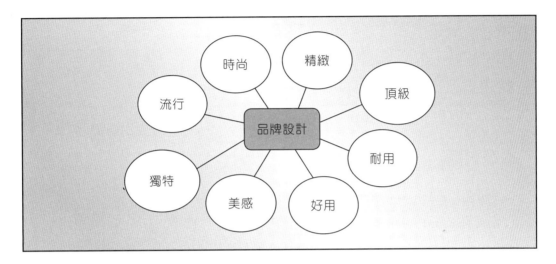

十三、小結：做好「品牌元素」規劃與執行

(一)品牌元素的內涵

　　1.品牌生命力的核心基礎。
　　2.品牌喜愛與信賴的根本力量。
　　3.品牌軟實力的呈現。

㈡小結：兩者都要做好

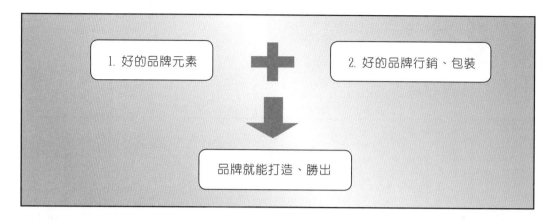

本章習題

1. 試說明Kevin Keller教授所主張的「顧客基礎的品牌權益」為何？
2. 試圖示David Aaker教授的品牌權益五個項目為何？
3. 試企劃廠商應如何建立品牌知名度，做法為何？
4. 試圖示品牌忠誠度的金字塔及其好處為何？
5. 試述「知覺品質」的意涵？
6. 試列示品牌內涵的六項元素為何？
7. 品牌（品名）測試方法有哪些？
8. 試說明品牌人格形塑的三大方向為何？
9. 試說明創造品牌個性與魅力的五個方式為何？

Part 2

品牌行銷篇
（如何打造品牌）

第4章 品牌行銷操作

第一節　品牌S-T-P架構制定

一、明確品牌的S-T-P架構

做行銷之前的第一個步驟，就是先明確S-T-P內容，如下圖所示：

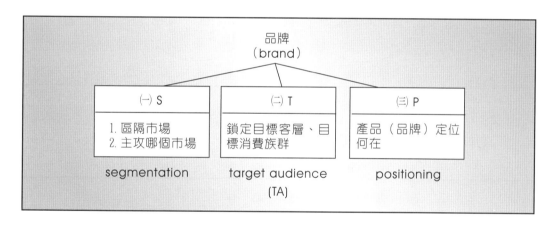

二、S-T-P：三者要環環相扣、緊密相連

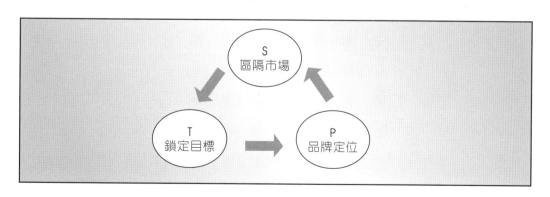

舉例說明如下：

㈠**賓士轎車（Benz）**

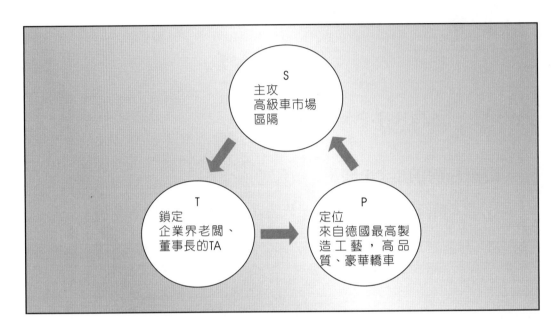

㈡**UNIQLO（副品牌GU）**

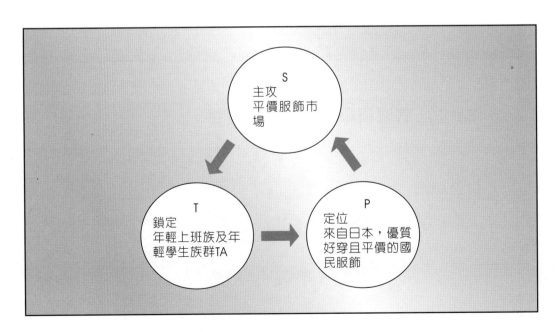

㈢7-ELEVEN「CITY CAFE」

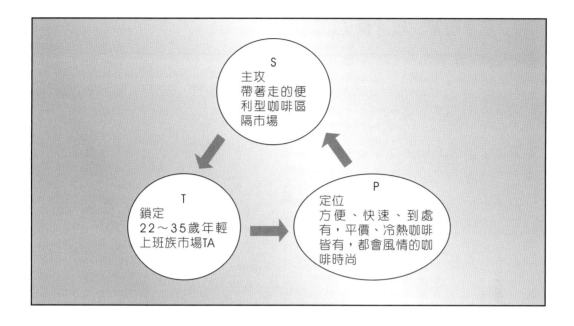

㈣石二鍋（王品集團）

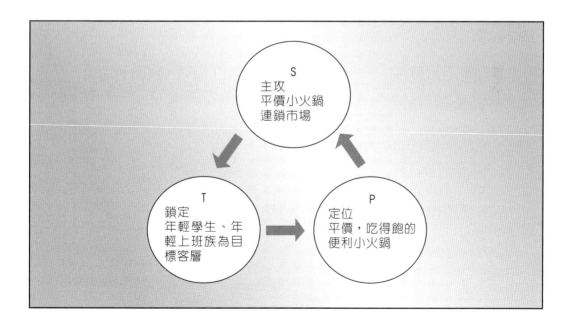

三、明確、有效區隔市場

㈠汽車市場：以「價位」區隔市場

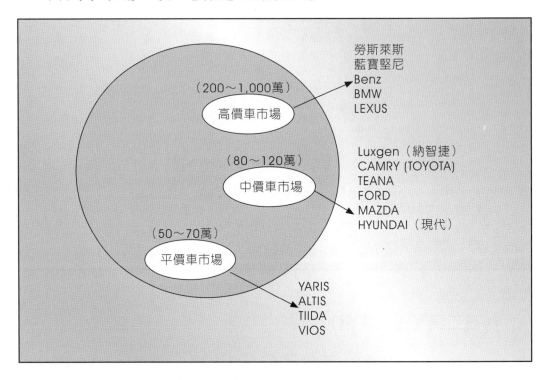

㈡市場區隔案例 —— 高價頂級大飯店（每晚1萬元起跳）

1. 文華東方大飯店。
2. 雲品大飯店（日月潭）。
3. 加賀屋（日式溫泉大飯店）。
4. 涵碧樓（日月潭）。

㈢市場區隔案例 —— M型化大飯店與旅館

1. 平價旅館（1,500～2,000元）
(1)捷絲旅。
(2)台北美侖。
(3)老爺會館。
(4)福泰桔子。

2. 高級大飯店（9,000～15,000元）

⑴W大飯店（美國紐約）。

⑵加賀屋（日式溫泉大飯店）。

⑶文華東方大飯店。

⑷涵碧樓（日月潭）。

㈣市場區隔案例 —— 美國運通頂級卡（信用卡）

1. 鎖定各國金字塔頂端1%的有錢人為顧客群。

2. 年費要繳新臺幣16萬元。

3. 年收入新臺幣650萬元以上才能辦卡。

4. 提供專屬祕書電話服務及享有各項優惠。

㈤市場區隔案例 —— 信用卡

1. 頂級卡

⑴中國信託：鼎極卡。

⑵國泰世華：世界卡。

⑶台北富邦：無限卡。

⑷台新銀行：環球卡。

2. 白金卡

係指一般人申請的卡。

四、王品

㈠從「價位」去區隔市場

1. 高價位→王品牛排、夏慕尼鐵板燒，1,200元以上→老闆、科技新貴、名媛貴婦、高階主管。

2. 中價位→陶板屋，500元以上→上班族、中產階級。

3. 低價位→品田牧場（200元）、CooKBEEF（220～320元）、石二鍋（300元）→年輕族群、學生。

㈡王品十四個餐飲品牌的區隔模式

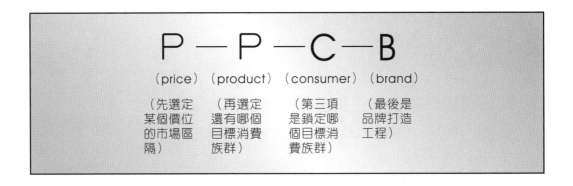

P ― P ― C ― B

（price）　（product）　（consumer）　（brand）

（先選定　　（再選定　　（第三項　　（最後是
某個價位　　還有哪個　　是鎖定哪　　品牌打造
的市場區　　目標消費　　個目標消　　工程）
隔）　　　　族群）　　　費族群）

五、區隔市場：國外知名平價服飾三大品牌

1. 日本：UNIQLO（優衣庫）、
   GU（副品牌）。

2. 西班牙：ZARA。

3. 瑞典：H&M。

六、為什麼要區隔市場？

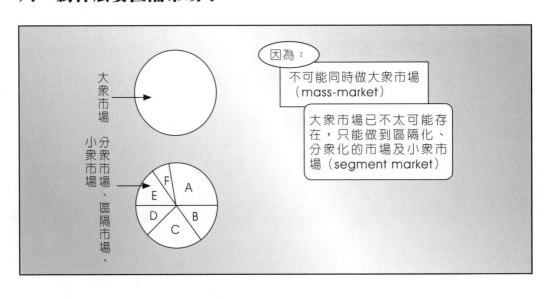

七、品牌經理人如何鎖定目標客層、消費族群（TA）？

1.學生TA；2.輕熟女TA；3.熟女TA；4.年輕上班族TA；5.中年上班族TA；6.銀髮族TA；7.單身女性TA；8.高所得TA；9.中低所得TA；10.家庭主婦TA；11.科技新貴TA；12.名媛貴婦TA；13.老闆級TA；14.少淑女TA；15.家庭使用TA；16.運動TA；17.藝文TA；18.宅男宅女TA；19.旅遊TA；20.兒童TA。

八、TA 選項的分類變數

1.性別；2.年齡層；3.學歷別；4.所得別；5.職業別（行業別）；6.家庭別；7.職等別（低、中、高階）；8.興趣別；9.個性別；10.價值觀別；11.心理別；12.價格別；13.其他變數。

九、鎖定目標客層（TA）

㈠汽車高價市場（Benz、BMW、LEXUS）

1. 大企業老闆。
2. 中小企業老闆。
3. 科技新貴。
4. 高階主管（總經理）。
5. 名媛貴婦。

㈡為什麼鎖定TA？

因為，很少有一個產品可以同時鎖定所有的消費者，只能有分眾的消費族群（TA），能做好各個分眾TA，就已經不錯了。

十、品牌經理人與產品／品牌「定位圖示」

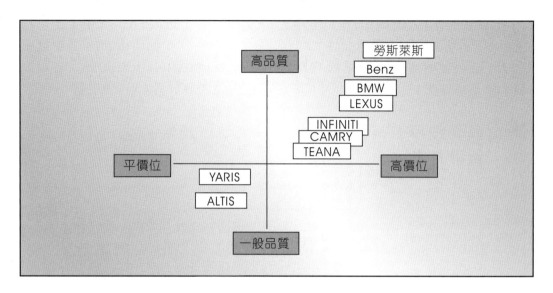

十一、品牌定位案例

    1. 林鳳營鮮奶→「高品質、濃純香」。

    2. 貝納頌咖啡→「咖啡中的精品」。

    3. LEXUS汽車→「專注完美，近乎苛求」、「Experience Amazing」。

    4. 7-ELEVEN→「Always Open」。

    5. CITY CAFE→「整個城市就是我的咖啡館」、「在城市探索城事」。

    6. ZARA／UNIQLO→「平價國民服飾」。

十二、同一公司的二種品牌

十三、品牌經理人對定位的分析步驟

1. 現在各競爭品牌已有的定位狀況分析。
2. 洞察消費者還有什麼定位空間沒有被滿足。
3. 思考我們所要進入的區隔市場及目標客層為何。
4. 分析我們是否擁有可以滿足定位的差異化特色能力。

十四、品牌經理人定位要思考二個條件同時兼具 —— 精準且有競爭力才行

定位精準正確 + 定位要有競爭力 = 才是成功的定位

十五、CITY CAFE 定位競爭力為什麼成功？

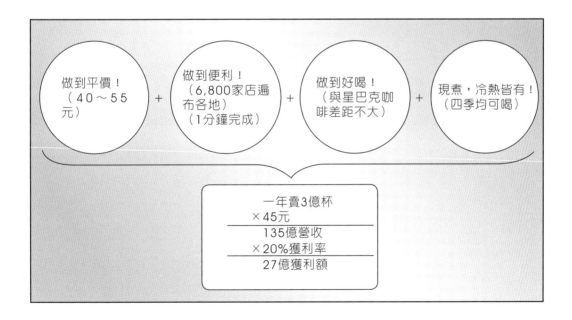

做到平價！（40～55元） + 做到便利！（6,800家店遍布各地）（1分鐘完成） + 做到好喝！（與星巴克咖啡差距不大） + 現煮，冷熱皆有！（四季均可喝）

一年賣3億杯
×45元
135億營收
×20%獲利率
27億獲利額

所以，定位競爭力是指在相同產品的各品牌定位中，你要比同業競爭對手更有競爭力、更有競爭優勢才行。

十六、定位競爭力

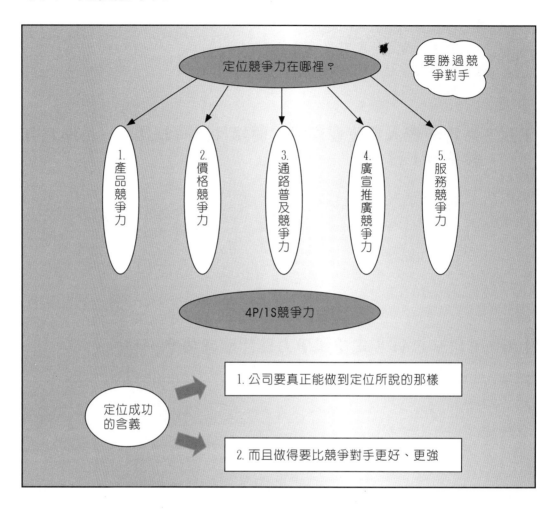

十七、小結：品牌經理人做任何事業或推出任何新產品前的思考重點

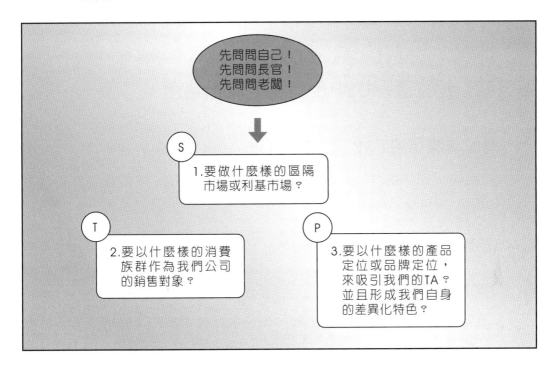

十八、品牌經理人掌握定位成功的三個化

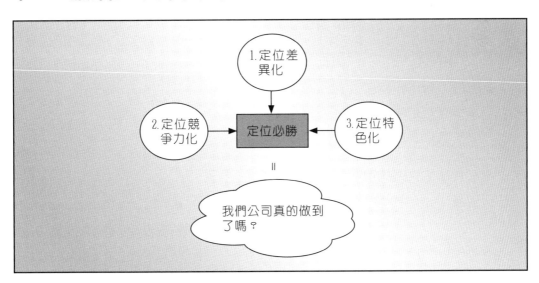

十九、爲什麼要定位

為了讓消費者知道你站在什麼位置上？知道你與別人有何不同？你有你的特色，你在哪裡？你跟消費者有何關聯性？你在消費者心裡是什麼？

第二節　建立產品USP及產品差異化特色

一、產品或服務的USP

所謂USP，即「獨特銷售賣點」（unique sales point）或「獨特銷售主張」（unique selling proposition）。

二、USP 案例

㈠摩斯漢堡

1. 現點現做：堅持現點現做策略，新鮮成爲最大賣點，做出差異化目標（顧客平均等5分鐘）。
2. 在地農民契作：使用在地食材，跳過中間經銷商，與當地農民直接契作。
3. 食材生產履歷：派人嚴格控管契作品質與農藥用量→贏得消費者信任。

㈡全聯福利中心（超市）

全國最大超市連鎖店（1,200家店）：
1. 全國日常消費品最便宜的賣場。
2. 最便宜，就是USP。

㈢CITY CAFE的成功

1. 平價（40～55元）。
2. 現煮。
3. 24小時無休。
4. 6,800家店供應。

㈣林鳳營

1. 全臺冠軍乳源（臺南林鳳營牧場）。
2. 濃、純、香兼具，第一好喝。

㈤棉花田

專售有機產品，保證有機的連鎖零售店。

㈥海倫仙度絲

全臺唯一訴求「去頭皮屑」的洗髮精。

㈦名牌精品

1. BURBERRY風衣。
2. HERMÈS絲巾。
3. Cartier珠寶鑽石。

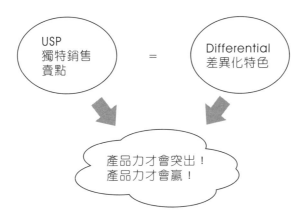

三、產品若沒有差異化特色或 USP 會如何？

1. 在眾多同質性產品中，很難脫穎而出。
2. 廣告宣傳很難有訴求重點。
3. 價格不易訂定高價位。
4. 最終，銷售成績不會很好，也不易賺大錢。

四、品牌經理人對任何產品在設計及研究階段，就要想到 USP 是什麼

　　所以，產品在設計及研發階段，就要想到它的差異化特色及USP是什麼？然後，與競品的區別又是什麼？

五、差異化特色及 USP 要表現在哪裡？

　　1.品質等級；2.功能（機能）；3.耐用度（壽命）；4.原料成分特殊性／獨特性；5.設計風格；6.包裝精緻感；7.色系性格；8.製造、加工、製成的嚴謹度；9.手工、工藝打造；10.整體視覺高級感；11.頂級服務；12.位置地點的獨特性；13.科技的大突破。

六、哪些單位要負責差異化特色及賣點？── 六大部門

　　六大部門分工合作，分述如下：
　　1. 採購部：買到最佳等級的原料、物料。
　　2. 設計部：設計出最時尚、最新潮流的風格。
　　3. 研發部：尋求科技與技術的不朽突破創新。
　　4. 製造部：生產出最佳品質水準及等級的好產品。
　　5. 行銷部（品牌部）：探索出消費者內心的真正需求是什麼？
　　6. 業務部：了解市場的競爭狀態，與通路零售的需求。

第三節　品牌行銷4P組合策略

一、行銷組合——製造業品牌行銷4P

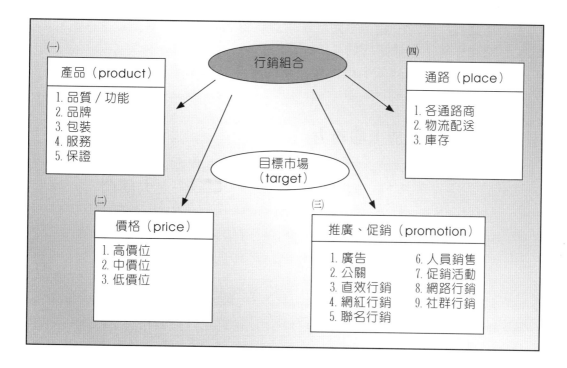

二、行銷 4P 組合的意境

　　1. 同時、同步、連貫做好這四個P。
　　2. 不能有哪一個P做不好或輸競爭對手。

三、品牌經理人對每個 P，都要做好、做強

產品力→OK！
定價力→OK！
通路力→OK！
推廣力→OK！
｝行銷必勝！產品業績必勝！

四、做好行銷 4P 的意涵

1. 產品力：高品質、高功能、高耐用期、高設計感、高質感、高包裝感、品牌命名好等。
2. 定價力：高物超所值感、高性價比、高CP值、高C/V值評價等。
3. 通路力：隨時、隨地、隨處都可以買得到，虛實通路並進（OMO）、線上＋線下全通路行銷。
4. 推廣力：高品牌知名度、廣宣曝光度高、形象正面、公關做得好、人員銷售力強。

五、4P 之外，另加上服務力

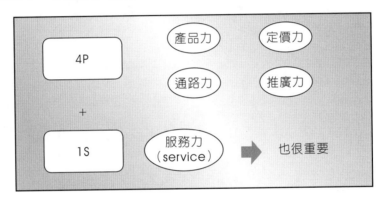

六、品牌行銷 5P 組合

七、哪些 P 比較重要？

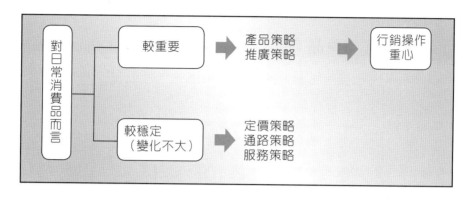

八、服務業品牌行銷 8P/1S/1C 十項組合

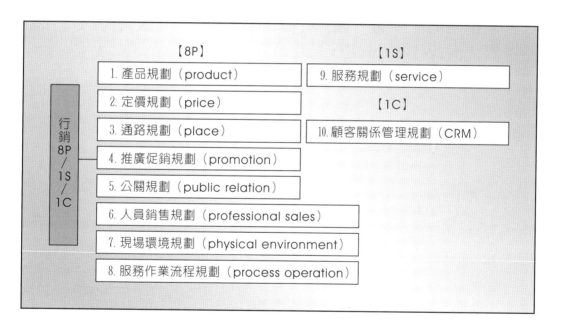

第四節　品牌經理人與產品力

一、行銷4P之首：產品力

二、產品戰略──第一個 P（product），努力做到高的知覺品質（perceive quality）及高質感

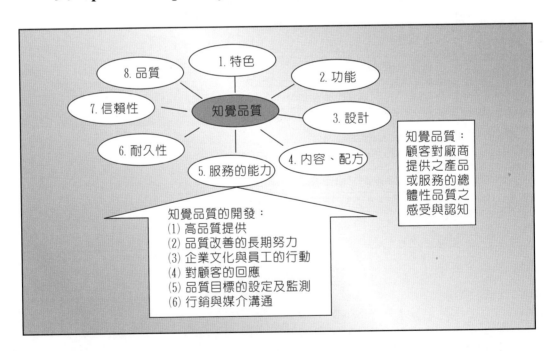

三、高品質（high quality）是品牌生命力的根本所在

㈠高品質的象徵

1. 賓士轎車。
2. LEXUS凌志轎車。
3. LV皮包。
4. GUCCI皮包。
5. HERMÈS絲巾。
6. 膳魔師保溫杯。
7. 象印熱水瓶。
8. 捷安特腳踏車。
9. Canon照相機。
10. Apple手機。

㈡高品質的三個負責部門

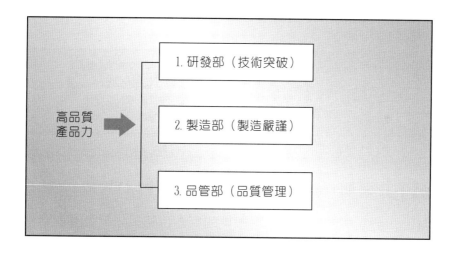

高品質
產品力

1. 研發部（技術突破）

2. 製造部（製造嚴謹）

3. 品管部（品質管理）

四、品牌經理人建立品牌的四大產品戰略所在

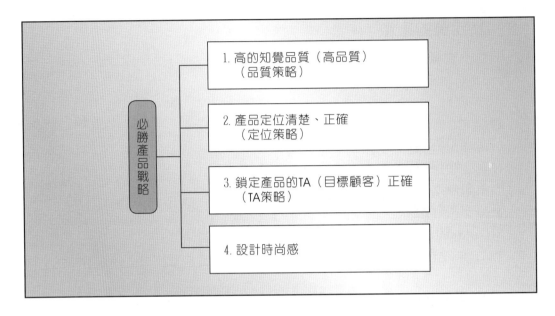

五、產品力：王品餐飲集團三哇哲學

六、產品生命週期（**Product Life Cycle, PLC**）

不同品牌（產品）生命週期，有不同的行銷策略，如下圖所示。

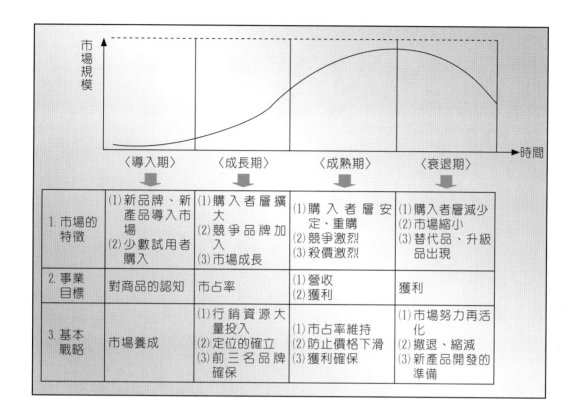

1. 市場的特徵	(1) 新品牌、新產品導入市場 (2) 少數試用者購入	(1) 購入者層擴大 (2) 競爭品牌加入 (3) 市場成長	(1) 購入者層安定、重購 (2) 競爭激烈 (3) 殺價激烈	(1) 購入者層減少 (2) 市場縮小 (3) 替代品、升級品出現
2. 事業目標	對商品的認知	市占率	(1) 營收 (2) 獲利	獲利
3. 基本戰略	市場養成	(1) 行銷資源大量投入 (2) 定位的確立 (3) 前三名品牌確保	(1) 市占率維持 (2) 防止價格下滑 (3) 獲利確保	(1) 市場努力再活化 (2) 撤退、縮減 (3) 新產品開發的準備

七、多元化產品線的目的

多元化產品線策略的目的為避開單一產品線風險、擴大營收以及獲利持續成長。

舉例說明如下：

㈠P&G公司多元化產品線策略

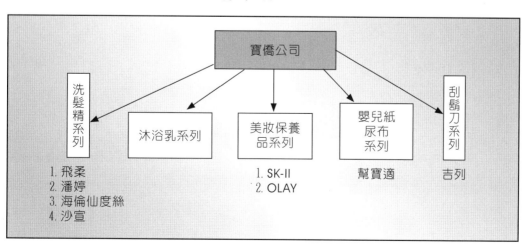

㈡TOYOTA汽車多元化產品線策略

1. 低價位汽車系列
(1)YARIS。
(2)ALTIS。
(3)VIOS。

2. 中價位汽車系列
(1)CAMRY。
(2)WISH。

3. 高價位汽車系列
LEXUS。

八、做好產品力根本原則

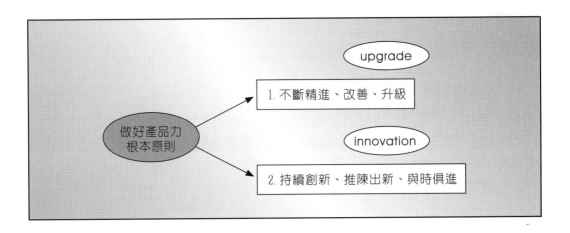

第五節　品牌經理人與定價力

一、第二個P：price評估及影響品牌定價的九大因素

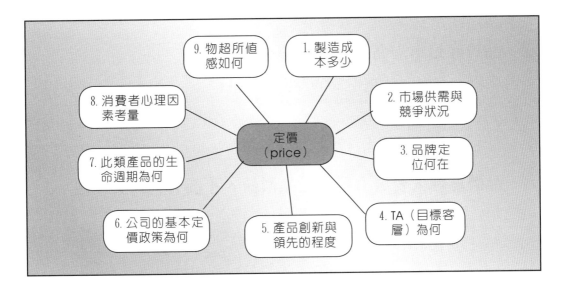

二、品牌經理人對品牌定價的五個根本原則

  1. 消費者有物超所值感。
  2.「性價比」要高（性能與價格之比）：性能要超過價格（花800元但感
   覺到1,000元的價值）。
  3. 定價要與「定位」相符。
  4. 定價要與「品質」一致。
  5. 定價要視「市場」而靈活有彈性。

三、品牌經理人對品牌定價策略的核心思考本質

  評估「定價」是否物超所值（value for money）？！
  1. 值得以此價格買此產品。
  2. 有賺到的感覺。
  3. 有值得的感覺。

四、高性價比之意義

$$性價比 = \frac{性能}{價格} \rightarrow \frac{高性能、高品質}{合宜價格} \rightarrow 物超所值感$$

品牌應追求：高的性價比。

五、品牌應追求：高 CP 值／高 CV 值

高CP值：$\dfrac{performance}{cost} > 1 \rightarrow$ 物超所值感

高CV值：$\dfrac{value}{cost} > 1 \rightarrow$ 物超所值感

六、品牌經理人要努力塑造產品價值，才能有較高的定價

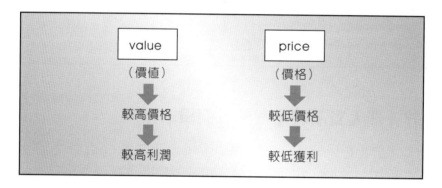

例如：

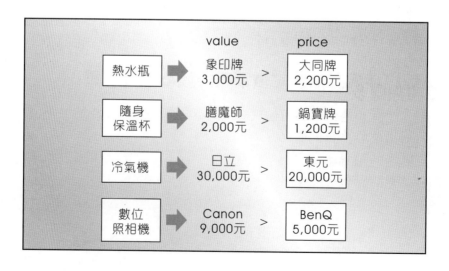

七、企業界最常使用的定價方法：成本加成法

產品成本＋利潤加成數＝價格

例如：

液晶電視機（32吋）

   成本：10,000元

  加成率50%：5,000元

    價格：15,000元

$\Rightarrow$

所以：

加成率：50%（五成）

毛利率：$\dfrac{5,000元}{15,000元} = 33.3\%$

例如：

一件服飾製造成本：2,000元

    加成：1,000元

    售價：3,000元

$\Rightarrow$

所以：

毛利率：$\dfrac{1,000元}{3,000元} = 33.3\%$

合理毛利率：30～40%之間

例如：

保養品

 一瓶製造成本：1,000元

    加成：1,000元

    售價：2,000元

$\Rightarrow$

所以：

毛利率：$\dfrac{1,000元}{2,000元} = 50\%$

50%屬於較高毛利率

八、毛利率應訂多少？

1. 合理、一般性、平均：30～40%之間。
2. 較高的：40～60%之間。
3. 特高的：60～150%之間（例如：國外名牌精品）。
4. 較低的：15～25%之間（例如：3C產品）。

九、毛利額賺多少？

例如：

一年營收額 10億元

    × 30%毛利率

   毛利額3億元

十、獲利額賺多少？

毛利額	3億元
－營業費用	2億元
淨賺	1億元（獲利率為10%）

十一、獲利率應多少？

視行業別而定，無統一標準，大致分為以下四項：

1. 較低的3～6%（例如：百貨零售業）。
2. 一般中等的6～15%。
3. 較高的15～30%。
4. 特高的30～50%（例如：國外名牌精品、台積電晶片）。

十二、各公司獲利額

1. 統一7-ELEVEN→年營收額1,800億×5%獲利率＝年獲利額90億。
2. 新光三越百貨公司→年營收額800億×5%獲利率＝年獲利額40億。
3. SK-II化妝保養品牌→年營收額40億×15%獲利率＝年獲利額6億。
4. 日本UNIQLO公司→年營收額1,000億×8%獲利率＝年獲利額80億。
5. LV精品全球集團→年營收額3,000億×25%獲利率＝年獲利額750億。
6. 台積電高科技公司→年營收額2兆×40%獲利率＝年獲利額8,000億。

公司每年獲利額愈多，回饋給全體員工的年終獎金及分紅獎金就愈多，也才會逐年調薪。所以要往中大型公司跳槽，不要在小公司。

十三、品牌經理人最終績效指標

所負責的品牌：
1. 年營收預算是否達成？
2. 年獲利預算是否達成？

十四、品牌經理人年度獲利目標達成的三個關鍵因素

1. 年營收是否達標？
2. 製造成本是否控制好？
3. 營業費用（含廣宣費用）是否控制好？

十五、品牌經理人應該深入了解每月「損益表」的數據分析及管理

　　營業收入
－營業成本（成本率多少）

　　營業毛利（毛利率多少）
－營業費用（費用率多少）

　　營業損益（獲利率多少）
±營業外收支

　　稅前損益（稅前獲利率多少）

例如：茶裏王品牌飲料每年損益表
　　營業收入：20億元
－營業成本：14億元（成本率70％）

　　營業毛利：6億元（毛利率30％）
－營業費用：5億元（費用率25％）

　　營業淨利：1億元（淨利率5％）

　　注意：若每年做不到20億元營收，則其每年淨利額也會受到影響而下降，表示績效不佳。

十六、品牌經理人提高每年獲利額四大方向

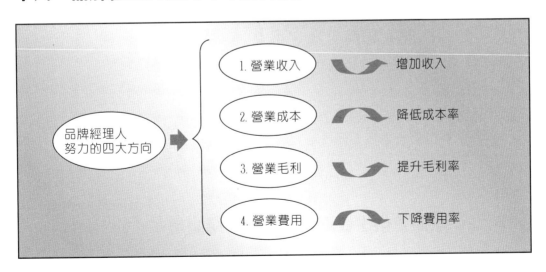

十七、提高營業收入二大方向

每年營業收入→　　　Q　　×　　　P

　　　　　　　　（銷售數量）　　（售價）

　　1. 提高Q（提高每年銷售量）。
　　2. 提高P（提高定價）。
　必須思考：
　面對市場的激烈競爭→如何提升Q呢？
　競爭品牌如此眾多→如何提升P呢？

十八、品牌經理人提升 Q（銷售量／營收額）的做法

　　1. 辦促銷優惠活動。
　　2. 開發新產品品項。
　　3. 改良既有產品。
　　4. 增加廣宣預算。
　　5. 找到有效果的代言人。
　　6. 強化人員銷售組織、加強門市店。
　　7. 獎勵全臺經銷商。
　　8. 強化品牌力、品牌忠誠度。
　　9. 加強會員粉絲經營。
　10. 擴大網購通路上架。
　11. 增加新產品線、新品類。

十九、品牌經理人如何提高定價？

　　1. 趁原物料、電費上漲時。
　　2. 利用既有產品升級時。
　　3. 推出新品項、新品牌時。
　　4. 利用新增加附加價值時。
　　5. 利用整體物價都上漲時的氛圍。
　　6. 將產品些微減量，就是漲價的意思。

二十、3C 產品售價生命週期短且呈下降趨勢

　　液晶電視機、手機、隨身碟、數位照相機、平板電腦等，定價的長期趨勢是下降的。

二十一、品牌定價四種不同策略取向

㈠極高定價法

例如：LV、GUCCI、HERMÈS、Cartier、CHANEL、Dior、BMW、Benz、LA MER、sisley、PP（百達翡麗）錶。

㈡高價定價法

例如：LEXUS、SK-II、資生堂、蘭蔻、雅詩蘭黛、ARMANI、FENDI、iPhone、iPad。

㈢中價位定價法

例如：精工錶、陶板屋、西堤。

㈣平價定價法

例如：ZARA、GAP、UNIQLO、H&M、COACH、植村秀、85度C、康師傅、小米機、OLAY、L'ORÉAL、露得清、潘婷、飛柔。

二十二、品牌定價與獲利關係

㈠極高定價法

1. 毛利率：60%以上。
2. 淨利率：30%以上。

㈡高價定價法

1. 毛利率：50%以上。
2. 淨利率：20%以上。

㈢平價定價法

1. 毛利率：30%以上。
2. 淨利率：5%以上。

二十三、定價戰略 —— 新產品上市二種定價法

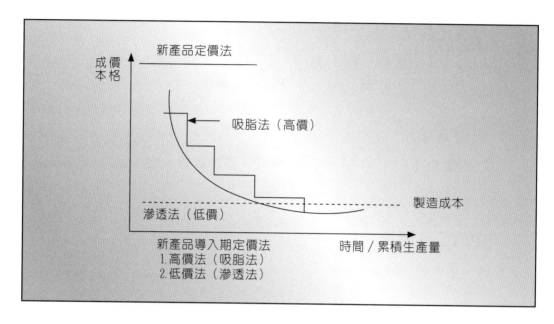

新產品上架定價法，例如：
1. 高價法：iPod、iPhone、iPad剛上市的前六個月，均使用高價法，趁半年領先期多賺些。
2. 低價法：中國小米機一上市就使用低價法殺進市場，十分有效！

二十四、其他定價手法

1. 尾數定價法：99/199/299/399/……999。
2. 虛榮／榮耀／炫富定價法：國外名牌精品高定價法。
3. 差別定價法（因時間／身分／地點／區位的不同）：電影院早場價／遊樂園夜間價／飛機頭等艙、商務艙、經濟艙等。
4. 吃到飽定價法：手機5G費率定價、餐廳等。
5. 均一定價法：大創均一價。
6. 促銷定價法：買一送一、買二送一、買二個打八折等。
7. 便利定價法：報紙15元、茶飲料25元等。

第六節　品牌經理人與銷售通路力

一、行銷通路

英文為Marketing-channel/Sales-channel，意即：
1. 銷售通路。
2. 行銷通路。

二、第三個 P（place）通路戰略 —— 通路的 4 種階層

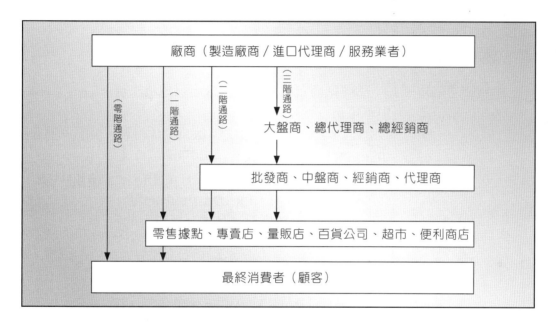

三、去中間化（行銷通路縮短化）

1. 通路階層愈短愈好。
2. 可以減少中間商的層層剝削。
3. 如果中間商階層減少了，就可以降價回饋給消費者，或是自己的利潤可以增加。

四、名牌精品通路結構

直營門市店模式或直營專櫃模式。

例如：LV、GUCCI、HERMÈS、Cartier、CHANEL、寶格麗、BURBERRY、Dior、FENDI、TOD's、COACH、FERRAGAMO、ZARA、GAP、UNIQLO、H&M。

五、爲何採取「直營門市店」、「直營專櫃模式」？

1. 管控全球化服務品質一致性與高級性。
2. 海外總公司全球化的基本政策。
3. 掌控營運決策的主導權。
4. 縮短通路，提高利潤。
5. 維持全球品牌形象的統一性。

六、建立「直營門市」已成爲主流趨勢

由於「通路爲王」，品牌廠商布建自己的直營店已成爲主流。

例如：電信業 → 中華電信、台哥大、遠傳。

1. 服飾業 → ZARA、UNIQLO、GU、H&M、佐丹奴、NET、Hang Ten、iROO等。
2. 國外品牌精品業 → LV、GUCCI、CHANEL、HERMÈS、COACH、PRADA、Cartier等。
3. 餐飲業 → 王品集團、爭鮮集團、瓦城、豆府餐飲。
4. 美妝、藥妝店 → 屈臣氏、康是美、寶雅、丁丁。
5. 內衣業 → 黛安芬、華歌爾、奧黛莉。
6. 鞋業 → 阿瘦、LA NEW。
7. 咖啡店 → 星巴克、85度C、丹堤、路易莎。

七、建立「自主門市店」行銷通路的重要性

1. 有通路，才有銷售業績。
2. 有自主通路，才有長遠掌握權。
3. 有門市店招牌，可做活廣告。
4. 門市店可便利消費者尋找及服務。
5. 廣建門市店，是一種保障與信賴的企業。
6. 門市店可作爲體驗行銷之用。

八、消費性日用品之品牌通路結構

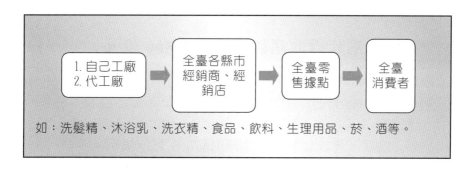

九、日常消費品品牌必須仰賴連鎖零售店上架

日常消費品必須上架的六大零售店通路如下：
1. 便利商店：7-ELEVEN、全家、萊爾富、OK。
2. 超市：全聯、city'super、美廉社。
3. 大賣場：家樂福、大潤發、愛買、COSTCO。
4. 百貨公司及大型購物中心：新光三越、遠東SOGO、遠東百貨、台北101、高雄漢來、微風、京站、ATT、義大世界、大直美麗華、遠企、林口三井OUTLET、華泰OUTLET。
5. 美妝、藥妝店：屈臣氏、康是美、寶雅、丁丁、大樹藥局。
6. 家電、3C電子：燦坤、全國電子、順發。

品牌廠商必須與六大零售連鎖通路建立良好的往來關係，才能順利上架、才有好的區塊及陳列位置、才能配合促銷活動。

十、全臺百貨公司年營收產值規模達 4,000 億元

如：新光三越880億元、遠東SOGO 470億元、大遠百570億元、台北101 120億元、微風230億元。此外，還包括購物中心及OUTLET的產值在內，合計4,000億。

以百貨公司為主力行銷通路的品牌廠商，包括：1.化妝保養品；2.餐飲服務業；3.名牌精品；4.女鞋；5.女裝服飾及流行用品；6.男裝用品；7.附設超市。

十一、全臺便利商店年營收產值規模達 3,600 億元

如：統一7-ELEVEN 1,800億元、全家900億元、萊爾富250億元、OK 100億元。

以便利商店為主力行銷通路的品牌廠商，包括：1.飲料產品；2.食品（泡麵／餅乾）；3.日常消費品；4.書報雜誌；5.鮮食便當；6.咖啡；冰淇淋；7.其他。

十二、全臺量販店年營收產值規模達 2,500 億元

如：COSTCO 1,200億元、家樂福900億元、大潤發250億元、愛買150億元。

以量販店為主力行銷通路的品牌廠商，包括：1.食品品牌；2.飲料品牌；3.洗髮精、沐浴乳、香皂；4.開架式保養品；5.生鮮品（魚、肉、菜）；6.冷凍品；7.奶粉、咖啡、麥片；8.女性生理用品；9.其他項目。

十三、全臺超市年營收產值規模達 2,000 億元

如：全聯1,600億元、美廉社140億、city'super 30億元。

以超市為主力行銷通路的品牌廠商，包括：1.食品；2.飲料；3.奶粉、咖啡、穀物品；4.冷凍食品；5.女性生理用品；6.衛生紙；7.酒品；8.其他項目。

十四、對食品、飲料及日常消費品而言，「全臺經銷商」還是很重要的

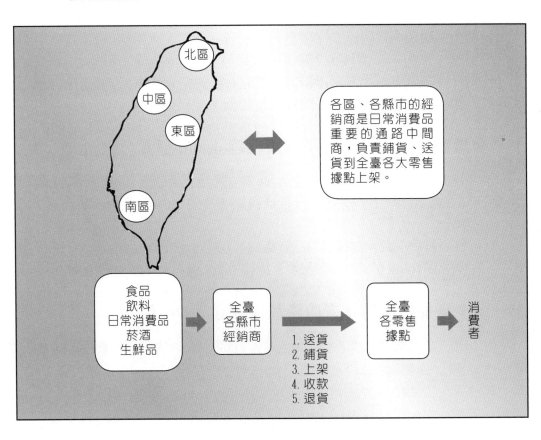

十五、品牌經理人應獎勵及支援經銷商

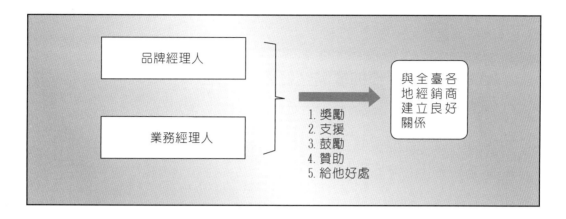

十六、為什麼日常消費品公司仍要仰賴經銷商？

　　1. 因為全臺各地距離太遠了。
　　2. 廠商沒有辦法自己建立一支送貨車隊及人力團隊。
　　3. 基於產銷專業分工的現實。
　　4. 廠商沒有資金及能力做好中間商的事情。

　　經銷商有兩種，包括專門賣自家產品的，如統一企業全臺經銷商；以及同時也賣其他品牌產品的。

　　年終十二月底，品牌經理及業務部共同舉辦全臺經銷會，即「年終經銷商討論會」及「年終經銷商餐敘會」。

第七節　品牌經理人與銷售推廣力

一、品牌代言人行銷策略

㈠成功的代言人行銷策略

　　1. VOLVO進口汽車
　　⑴問題：遇上銷售瓶頸。
　　⑵對策：改採女性行銷策略，由張鈞甯代言。
　　⑶結果：建立品牌好感度、帶動銷售業績、開拓出80%全新客戶，有七成

為女性客戶。

2. 桂冠輕鬆生活微波食品
找陶晶瑩代言，銷售成長140%。

㈡代言人行銷操作的優點（好處、效益）

1. 快速拉抬注目度。
2. 建立品牌好感度、知名度。
3. 凸顯品牌與記憶。
4. 增加銷售及市占率。

㈢A咖代言人價碼不低

主攻類別	廣告	活動	代表人物
歌星、藝人 影星 偶像劇演員 主持人 名模	500～800萬元 250～400萬元 300～500萬元 250～350萬元 150～250萬元	30萬元以上 30～50萬元 15～30萬元 20萬元以上 15萬元以上	蔡依林、柯佳嬿、隋棠、郭富城、徐若瑄、張鈞甯、賈靜雯、吳慷仁、LuLu、林依晨、林志玲、許光漢、桂綸鎂、楊謹華、小S、陶晶瑩
超級天王天后	周杰倫、林志玲、阿妹、劉德華、甄子丹、成龍等，代言費用均超過新臺幣1,000萬元或人民幣1,000萬元		

㈣名人代言（選擇代言人）要點

1. 高知名度且形象良好。
2. 應圍繞品牌個性及產品定位來選擇代言人。
   (1) 名人類型與產品類型匹配。
   (2) 品牌個性與代言人氣質吻合。
   例如：日立家電→使用孫芸芸代言成功。
   　　　桂格→使用謝震武代言成功。
   　　　CITY CAFE→使用桂綸鎂代言成功。
3. 利用可信度高的代言人，發揮意見領袖魅力。
4. 避免有爭議、有緋聞風險的藝人。
5. 應量身訂做，具專屬性，以凸顯品牌。
6. 能掌握新聞話題性（例如：趙又廷的金鐘獎、阮經天《艋舺》電影、楊謹華偶像劇、甄子丹動作電影、林志玲慈善活動）。

㈤代言人應注意問題點

1. 名人代言產品過多，產生稀釋效應。
2. 只怕消費者記得名人，卻忘了產品。
3. 代言人突發性負面事件。

㈥代言人「年度配套規劃」事項

1. 拍廣告：TVCF及MV、錄歌曲。
2. 拍照片：報紙稿、雜誌稿、海報、DM宣傳單、人形立牌、手提袋、包裝、戶外看板、產品瓶身等用途。
3. 出席活動：包括一日店長、大賣場促銷活動、產品上市記者會、年度代言人記者會、VIP會員party、品酒會party、證言活動、公益活動、媒體專訪、戶外活動及網路活動、部落格等。
4. 舉辦演唱會。
5. 新歌專輯的配合。
6. 媒體公關報導。
7. 藝人公仔贈品。

總結：代言人操作＝廣告+證言+活動+音樂+促銷+報導。

㈦代言人合約應注意事項

1. 退場機制（有負面新聞、不利產品形象）。
2. 禁止條款（合約期間不可結婚、不可爲同類品牌代言等）。

㈧如何找代言人？

1. 藝人經紀人代表。
2. 藝人經紀公司。
3. 名模經紀公司（伊林、凱渥）。
4. 廣告代理商。
5. 媒體代理商。
6. 公關公司。

㈨代言期間

1. 通常爲一年。
2. 若效益良好，到期可再續約。

　　例如：桂綸鎂代言CITY CAFE十多年之久、隋棠為阿瘦皮鞋代言三年。
3. 為考慮代言人的多元化與新鮮感功能，通常是一年換一個代言人，例
　　如：SK-II。

(十)素人代言

1. 案例：統一茶裏王、多芬洗髮精、全聯福利中心、黑松茶花飲料、維
　　他露每朝健康飲料等，均有不錯效果。
2. 優點：成本低很多。
3. 成功點：廣告要有創意且吸引人注目、產品要有相當多特色及訴求明確。

(士)中小型企業缺A咖代言人預算

1. 可從偶像劇、八卦刊物中找B咖或有潛力的代言人，其代言價碼會較低。
2. 亦可考慮找優秀素人或徵選素人來拍廣告片。

(圭)年度代言人效益評估二大要點

1. 業績：對該年度業績是否有顯著提升效益？
2. 品牌力：該年度品牌的知名度、好感度、指名度、忠誠度是否有明顯
　　增加？
例1：金城武代言長榮航空（成功代言）。

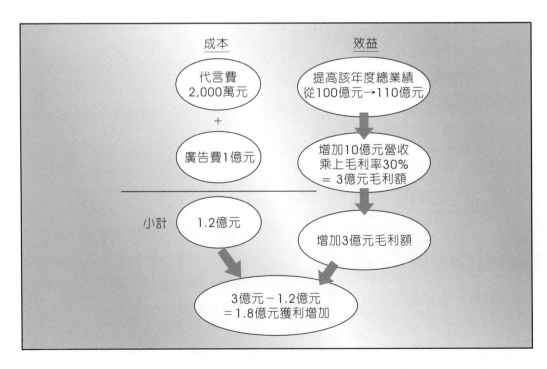

金城武代言長榮航空二大效益：

1. 1.8億元淨獲利數字增加。
2. 長榮航空品牌形象、品牌好感度也都上升了。

例2：謝震武為桂格代言（成功代言）。

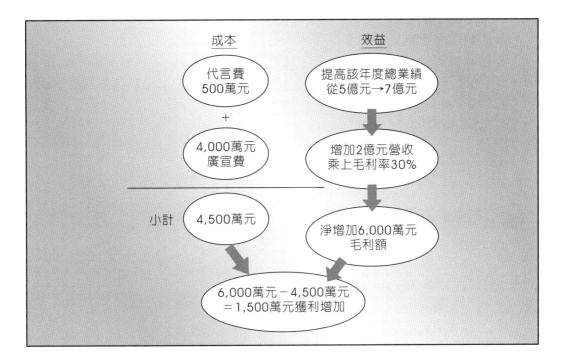

謝震武代言桂格人蔘雞精二大效益：

1. 1,500萬元淨獲利數字增加。
2. 品牌知名度、指名度、好感度均上升了。

總結：品牌代言人行銷策略運用正確，確實可以為該企業、該品牌帶來效益。因此，大型公司或大品牌都會運用此一策略。

㈤過去已成功運用代言人策略的品牌案例

1.長榮航空；2.中華航空；3.OSIM天王椅；4.SEIKO精工錶；5.三星Galaxy S手機；6.SK-II；7.CITY CAFE；8.Let's Café；9.桂格人蔘雞精；10.SONY手機；11.L'ORÉAL；12.阿瘦；13.VOLVO汽車；14.桂格穀珍；15.台啤果微醺水果啤酒；16.安佳奶粉；17.約翰走路洋酒；18.浪琴錶；19.6分鐘護一

生；20.hTC手機；21.adidas；22.全聯；23.中華電信；24.資生堂；25.花王蜜妮洗面乳；26.象印；27.膳魔師；28.OLAY；29.蘭蔻；30.露得清。

(土)品牌代言人應安排好年度系列性活動規劃

1. 代言人記者會。
2. 新品上市記者會。
3. 活動出席安排（例如：旗艦店一日店長）。
4. 公關新聞報導露出愈多愈好。
5. 360度全媒體廣告託播及刊登。
6. VIP會員見面會。
7. 其他各項活動配合。

二、電視廣告

(一)電視廣告量

仍以網路＋電視廣告量居多，為前二大廣告媒體。

排序	媒體別	年度金額	占比
1	網路（含行動）	210億元	41%
2	無線電視／有線電視	193.5億元	38%
3	戶外	44億元	8.5%
4	報紙	30億元	6%
5	廣播	18.5億元	3.5%
6	雜誌	17億元	3%
	合計	513億元	100%

(二)電視廣告的優缺點

1. 優點
(1)具影音畫面吸睛效果。
(2)大眾化人口收看。
(3)全臺460萬戶普及率高。
(4)開機率高，高達90%。

2. 缺點

費用太高，小企業負擔不了。

㈢ 報紙廣告大幅衰退原因

十餘年前報紙廣告為150億元，目前為20億元，大幅下滑衰退，《蘋果時報》、《聯合晚報》、《中時晚報》均關門收掉了。

原因：

1. 受到有線電視崛起影響。
2. 閱報率大幅下滑。
3. 閱報人口老化。
4. 網路新聞崛起。

㈣ 每支電視廣告片TVCF秒數

1. 10秒（10"）。
2. 20秒（20"）（最常見）。
3. 30秒（30"）（最常見）。
4. 40秒（40"）。
5. 60秒（60"）最少。

秒數愈多，播出一次的成本就愈高。

㈤ 電視廣告計價法

1. 目前，電視廣告計價法係採取每10秒CPRP（Cost Per Rating Point；即每一個收視1.0節目之播放成本）計價法。
2. 新聞臺：每10秒CPRP計價6,000元，30秒廣告在每一個收視1.0的節目播出一次要1.8萬元。
3. 每次1.8萬元×播出300次＝540萬元（二週內）電視廣告費用。
4. 目前，電視廣告計價較高的為新聞臺及綜合臺。

㈥ 各品牌年度電視廣告費用

1. 食品、飲料業

每年每個知名品牌要花3,000～5,000萬。

2. 汽車業

每年每個知名品牌要花1億元以上。

3. 化妝保養品

每年每個知名品牌要花5,000萬～1億元。

電視廣告打全國性品牌知名度最有效果。

㈦電視廣告占行銷預算50%以上

一般而言，品牌廠商把全年度行銷總預算花在電視廣告上占50～60%。

㈧電視廣告片基本三大類型

1. 產品功效型廣告；2. 促銷型廣告；3. 企業形象廣告。

㈨國內電視廣告播放電視臺（TVC）

1. 無線台

(1)台視；(2)中視；(3)華視；(4)民視。

2. 有線電視頻道家族

(1)TVBS；(2)三立；(3)東森；(4)中天；(5)緯來；(6)非凡；(7)東風衛視；(8)年代；(9)壹電視；(10)八大；(11)民視；(12)鏡電視。

㈩電視廣告播放預算花費占比的頻道類型

第一主要：新聞臺、綜合臺，占80%。

第二次要：洋片臺、國片臺、戲劇臺、日片臺，占10%。

第三次要：卡通臺、兒童臺、新知臺、音樂臺、體育臺、其他臺，占10%。

㈩一品牌廣告要在哪個頻道播出？

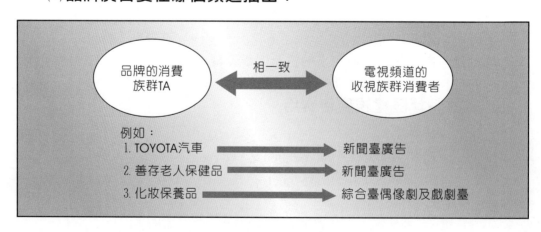

(圭)品牌經理人須借助外面專業公司

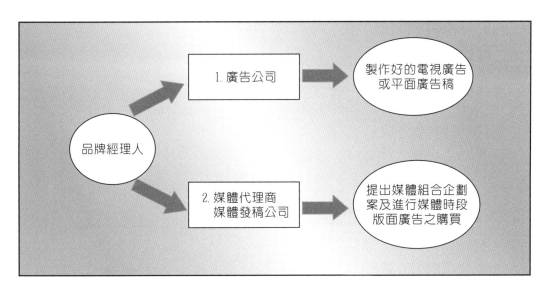

廣告花費很大，一年經常花上數千萬元到幾億元，一定要叫好又叫座，要有效果才行。

品牌知名度應隨著廣告播出而上升，如下圖所示：

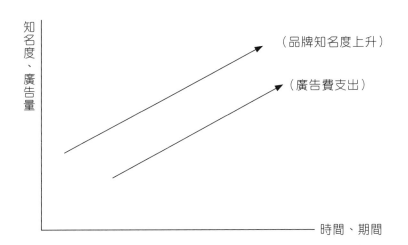

(圭)各媒體廣告量趨勢如何？

1. 電視廣告：持平，仍位居第一大廣告媒體。
2. 報紙廣告：大幅下滑，已落居輔助性媒體。
3. 網路行銷廣告：顯著上升，已位居第二大廣告媒體。

4. 雜誌、廣播：大幅下滑，為輔助性廣告媒體。
5. 戶外廣告：持平，為輔助性產業廣告媒體。

三、記者會 / 發布會

㈠類型

1. 新代言人記者會。
2. 新品上市發表會。
3. 各型態記者會。

㈡記者會 / 發布會主要目的及效果

1. 品牌宣傳效果。
2. 品牌新聞報導露出。
3. 提高品牌知名度效果。

㈢記者會通常會委外辦理

品牌廠商記者會通常委託公關公司辦理，原因：
1. 他們熟悉媒體記者，可邀請他們來採訪。
2. 他們具專業性。
3. 媒體比較會報導。

四、公共關係與公關報導

㈠正面報導露出

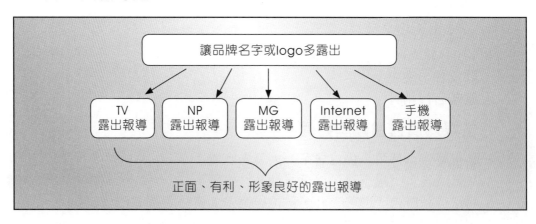

㈡公共關係與公關報導（Public Relationship, PR）

1. 媒體專訪。
2. 記者會／發布會。
3. 餐敘聯誼會。
4. 新聞稿提供及發布。
5. 危機處理。
6. 企業形象報導。
7. 公司營運數據提供。
8. 慈善基金會報導。

㈢公關與五大媒體記者關係的建立

品牌廠商和公關公司媒體記者分類如下：

1. 各電視臺記者、主編：TVBS、三立、東森、中天、年代、壹電視、民視、非凡、台視、中視、華視、鏡電視。
2. 各大報社記者、主編：《聯合報》、《中國時報》、《自由時報》、《經濟日報》、《工商時報》。
3. 各大網路新聞記者：ETtoday新聞雲、udn聯合新聞網、中時電子報、三立新聞網、NOWnews今日新聞。
4. 各大財經商業雜誌記者：《商業周刊》、《天下》、《遠見》、《今周刊》。
5. 各大時尚雜誌記者（*VOGUE*、*ELLE*、*GQ*）。

五、事件（Event）行銷、活動行銷

㈠活動類型

1. 時尚走秀活動。
2. VIP封館秀。
3. 歌友會、晚會。
4. 旗艦店行銷。
5. 公益行銷活動。
6. 週年慶擴大招待活動。
7. 贊助大型藝文、體育活動。

㈡Event活動的四大目的

1. 為了宣傳目的。
2. 為了會員經營目的。
3. 為了公益形象目的。
4. 為了行銷目的。

㈢Event活動的規模程度及花費

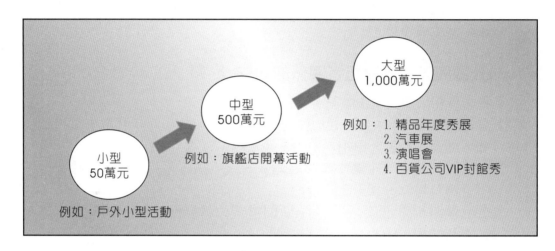

六、促銷活動

㈠促銷活動的節慶項目

　　除了極少數國外頂級名牌精品從不做促銷活動外，大部分品牌仍須配合各種節慶或百貨公司通路的促銷期做活動，如週年慶、年中慶、母親節、農曆春節、父親節、情人節、中秋節、端午節、聖誕節、除夕、元旦（跨年慶）、冬季購物節、夏季購物節等。

㈡促銷活動已日益重要

1. 促銷活動已變成僅次於電視廣告及網路廣告的第二個最重要之品牌行銷活動。
2. 沒有促銷活動，業績無法明顯展現。
3. 年底促銷活動占百貨公司全年營業額收入30%之高。
4. 現在，除了國外名牌精品業者外，全部行業、品牌都會有各種節慶促

銷活動。

㈢最常見、最有效果的促銷方式

1.買千送百；2.買一送一、買二送一；3.折扣戰（全面八折、全面五折）；4.滿額送；5.零利率分期付款；6.刷卡禮／來店禮；7.大抽獎；8.加購價；9.紅利集點回饋；10.送折價券。

㈣零售百貨業七大節慶促銷檔期

1. 年底週年慶（10～12月）。
2. 年中慶（6～7月）。
3. 母親節（5月）。
4. 農曆春節。
5. 父親節（8月）。
6. 聖誕節、元旦慶（12月、1月1日）。
7. 中秋節。

㈤日常消費品做促銷的二種狀況

1. 主要配合各大賣場、超市、便利商店等，各種節慶促銷活動的進行。
2. 次要為自身公司也會提出定期的各種有效促銷方式及活動。

㈥最有效帶動業績的行銷模式

電視廣告 ＋ 促銷廣告→同時並進，業績明顯上升。

七、包裝式（on-pack）促銷

㈠包裝式促銷活動

包裝式促銷在賣場能吸引消費者注目，並且引起購買的動機，是有效促銷方式的一種。

㈡包裝式促銷活動常見的做法

1. 買一送一，就是打五折。
2. 買二送一，就是打六折。

3. 買三送一，就是打七五折。
4. 加量不加價，也是打折的意思。
5. 買二件八折，也是打折的優惠。

八、店頭行銷／通路行銷

㈠店頭行銷類型

日用品消費門市店、大賣場、超市、便利商店，在店頭行銷的做法如下：
1. 櫥窗代言人海報。
2. 店內吊牌。
3. 店外人形立牌。
4. 店外壓克力招牌。
5. 賣場專區特別陳列。
6. 專區特別造型布置。
7. 配合買二送一促銷活動。
8. 試吃、試喝。
9. 賣場內啦啦隊活動，代言人出現。
10. 配合零售商DM商品特惠活動。

㈡店頭行銷的組合

店頭行銷（in-store marketing）＝店頭POP（店頭廣告宣傳物）＋店內包裝式促銷（on-pack promotion）

㈢店頭行銷主要目的

店頭行銷的目的是在最後一哩（last-mile）的通路上，吸引消費者拿取、購買，以提升業績。

九、戶外廣告（Out of Home, OOH）（數位戶外廣告，DOOH）

㈠戶外廣告型態

1. 公車廣告；2. 北市捷運廣告；3. 商圈大型看板廣告；4. 高鐵／臺鐵客運站廣告；5. 機場高速公路廣告；6. 電影院內廣告；7. LED電視牆廣告。

㈡戶外廣告功能

戶外廣告最大的唯一功能在於凸顯品牌，提升消費者對此品牌的印象度與知名度。

㈢戶外廣告費用較低

相對於電視及網路、報紙廣告而言，OOH及DOOH是較便宜的媒體廣告，值得作爲輔助廣告工具之一。

㈣較有效果之五大商圈：大型戶外看板廣告／包裝式廣告

1.信義區威秀影城／百貨公司商圈；2.西門町商圈；3.忠孝東路四段街道SOGO百貨商圈；4.公館商圈；5.臺北火車站商圈。

㈤公車廣告費用

公車車體外的廣告費用較便宜：

每部車／每個月：1萬元費用×10條路線×10部車 ＝ 100萬元／1個月費用（跑遍全臺北市各道路）。

公車廣告的效果：

1.品牌印象效果。

2.促銷活動舉辦訊息效果。

十、FB（Facebook）臉書粉絲行銷與網路廣告

㈠國內成功的企業FB粉絲團經營

1.統一7-ELEVEN：300萬人粉絲。

2.星巴克：300萬人粉絲。

3.LINE：220萬人粉絲。

4.蘭蔻化妝品：100萬人粉絲。

㈡企業FB粉絲團經營的功能

1.傳達公司產品訊息、促銷訊息及活動訊息給粉絲們。

2.讓粉絲們有表達意見、感想的窗口，並立即回應粉絲們。

3.培養粉絲對公司及品牌的好感度、忠誠度及黏著度。

4. 間接促進業績及鞏固業績的可能性。

㈢指定FB小編負責

品牌經理人指定一名或組成社群小組喜愛FB行銷的專業人員、專業企劃編輯人員，負責每天上FB與粉絲們良好互動，並發布訊息；有專人負責FB粉絲團經營及行銷才會成功。

㈣FB自有媒體，成本較低

企業FB粉絲團經營成本極低，這是自有媒體（own-media），只要花一名FB小編成本即可，值得專注深入經營。

㈤網路廣告刊登優先性：FB、Google、YouTube、IG及雅虎

1. 主要：雅虎奇摩入口網站、FB臉書廣告、Google聯播網、YouTube、IG廣告。
2. 次要：痞客邦、其他專業性網站（Mobil01、巴哈姆特）、Fashion Guide。
3. 臉書廣告：居全部第一大。
4. 入口網站廣告：雅虎奇摩居第一大。
5. 關鍵字搜尋廣告：雅虎、Google為前二大。
6. 影音廣告：以YouTube為主力。
7. 聯播網平臺廣告：以Google為最大。

㈥新聞網路廣告刊登的網站

1. 雅虎奇摩新聞；2. 蘋果新聞網；3. ETtoday新聞雲；4. udn聯合新聞網；5. 中時電子報；6. 三立新聞網；7. LINE Today新聞。

㈦網路廣告花費日益升高

1. 雅虎奇摩首頁很貴，首頁刊登一年約要價1億元。
2. FB廣告愈來愈貴，網路廣告的錢，大部分都被FB、IG、YT及Google賺走了。

㈧網路廣告的效果

1. 大部分其實是在打造品牌力而已。

2. 無法直接提升銷售業績，可直接提升業績的只有促銷活動。

3. 網路廣告比較具有精準性，可達精準行銷目標客群。

十一、異業合作行銷活動（或稱聯名行銷活動）

㈠異業合作彼此利用對方資源，進而達到自身的利益。

㈡發揮1 + 1 > 2之綜效。

㈢例如：智冠魔獸世界與可口可樂、7-ELEVEN與Hello Kitty、全家鮮食便當與鼎泰豐餐廳合作、統一超商與晶華大飯店合作聯名鮮食便當。

十二、精緻服務行銷

㈠服務要求

服務業品牌行銷特別重視：

1. 頂級服務。

2. 精緻服務。

3. 高素質服務。

4. 感動服務。

5. 滿意服務。

服務是競爭力的一環，服務業時代來臨，服務更加重要。

㈡頂級服務有助顧客回流及好口碑

1. 大飯店服務人員。

2. 速食餐飲連鎖店服務人員。

3. 百貨公司專櫃小姐。

4. 汽車經銷店銷售人員。

5. 精品直銷店銷售人員。

6. 手機電信直營店銷售人員。

7. 客服中心服務人員。

提供優質、頂級、精緻、貼心、感動的服務功能及體驗感受，有助於顧客回流，高頻率來店消費，贏得顧客好口碑及提高顧客滿意度。

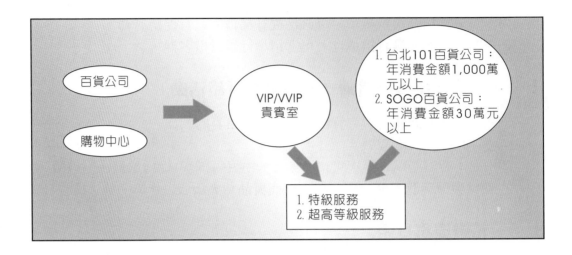

十三、人員銷售行銷

㈠人員銷售類型

壽險公司、百貨公司專櫃、鞋子門市、汽車經銷店、精品門市店、服飾門市店等,都需仰賴門市、專櫃人員銷售,銷售人員須具備:
1. 服務好。
2. 素質好。
3. 口條好。
4. 禮貌好。
5. 產品知識豐富。
6. 熱情夠。
7. 積極主動。

㈡店員素質好壞,決定銷售業績好壞

專櫃、店面銷售業績的好壞,取決於店長、櫃長、店員的銷售技巧、銷售態度及銷售素質的好壞。

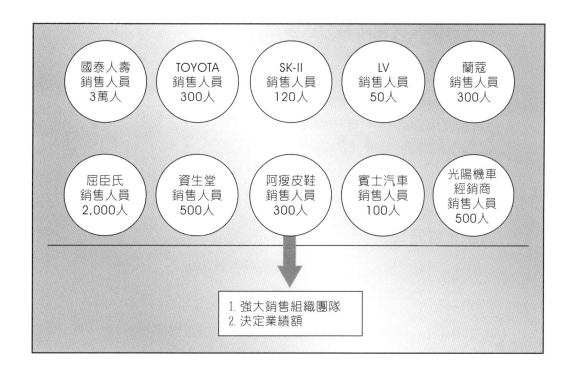

㈢ 人員銷售團隊素質很重要

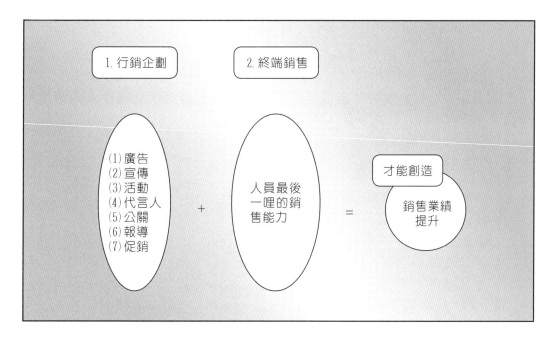

㈣提升銷售人員團隊戰力五要素

1. 選擇最佳素質的銷售人員及櫃姐。
2. 廣宣活動及促銷活動的大力支援。
3. 鼓舞士氣的提升及對公司組織文化的認同。
4. 訂定具誘因的底薪 + 獎金制度。
5. 給予最好的教育訓練（產品知識的銷售技巧）。

十四、NP 報紙廣告

㈠報紙廣告類型

1. NP純廣告稿。　　　　2. NP廣編特輯稿。

《蘋果日報》最有效（娛樂版、週六／日），為主力刊登所在。
註：《蘋果日報》已於2021年3月結束經營。

㈡四大報均虧錢

1. 《蘋果日報》也開始虧錢（現已停刊）。
2. 《聯合報》、《中國時報》、《自由時報》：
   ⑴廣告已大幅減少，報社每年都虧錢。
   ⑵廣告量只剩下預售屋、中古屋仲介、汽車、分類廣告及政府廣告。
   ⑶為何不刊登廣告？因為品牌廠商認為效果很低，且很少人看報紙，只剩下60～80歲老年人看。

十五、吸引人的 slogan

1. CITY CAFE → 整個城市就是我的咖啡館。
2. 林鳳營鮮奶 → 高品質、濃純香。
3. 全聯福利中心 → 實在，真便宜。
4. 統一超商 → Always Open；有7-11真好。
5. 全家超商 → 全家，就是你家。
6. LEXUS → 專注完美，近乎苛求。
7. 中華電信 → keep in touch；為了你，總是走在最前面。

十六、展場行銷（展覽會行銷）

㈠展場行銷類型

1. 汽車展。
2. 電腦資訊展。
3. 連鎖加盟展。
4. 出版圖書展。
5. 線上遊戲展。
6. 婚紗展。
7. 旅遊展。

㈡展場行銷二大功能

1. 品牌宣傳、品牌露出、品牌報導。
2. 現場實地接單湧入大量業績，對一整年的業績貢獻不少。

㈢已被證實成功的五種行業展場行銷

1. 國際旅展（國內／國外旅程、大飯店餐券）。
2. 資訊電腦展。
3. 國際書展。
4. 線上遊戲展。
5. 臺北車展（汽車展）。

十七、直效行銷（direct marketing）

㈠直效行銷方式

針對個人化的行銷模式：
1. 郵寄促銷DM、目錄。
2. 發送eDM、電子報。
3. 打電話（電話行銷）。
4. 發（手機）簡訊及LINE群組訊息發送。
5. 郵寄會員刊物。

㈡發eDM及簡訊成本均不高

只要有名單：

1. 發eDM成本很低，發10萬人次×0.3元 ＝ 3萬元成本。
2. 發簡訊成本很低，發10萬人次×1元 ＝ 10萬元成本。

這二種方法、工具應用很普及。

㈢直效行銷的優點

直效行銷之優點：

1. 可以直接送達到個別目標消費者的手上或目光裡。
2. 百貨公司週年慶寄發大本DM特刊，觸及率可以達到90%以上。
3. 有沒有促進購買則不一定。

㈣寄送促銷大本目錄的行業活動

1. 百貨公司週年慶／年中慶。
2. 量販店促銷活動。
3. 超市促銷活動。
4. 資訊3C量販店促銷活動。
5. 美妝、藥妝店促銷活動。

十八、建立直營店通路行銷

㈠直營店案例

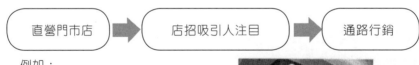

例如：
1. 中華電信門市
2. 台哥大My Phone門市店
3. 遠傳門市店
4. 黛安芬門市店
5. 華歌爾門市店
6. Apple Studio A門市店
7. LV直營店
8. CHANEL直營店
9. HERMÈS直營店

㈡建立直營店的好處

1. 自己掌握行銷通路，自己掌握業績。
2. 招牌具有品牌廣告的效果。
3. 具有體驗行銷的場所效果。
4. 提供各種服務的功能。
5. 整體上可提升品牌形象度。

各大品牌建立直營門市店已成為主流趨勢，開店的資金、人力及管理，對大品牌都已不是問題。

十九、口碑行銷

口碑行銷方式：
1. 知名部落客寫手撰文推薦。
2. FB粉絲專頁說好話。
3. FG試用報告及星級評鑑商標。
4. 各種參展競賽獲獎口碑。
5. 會員介紹會員（Member Get Member, MGM）。
6. KOL、KOC、網紅貼文或短影音推薦產品。
7. 消費者及親朋好友的自然口語傳播。
8. 知名人士推薦。
9. 正面有力的報紙與雜誌報導。

口碑行銷成本最低，效果愈來愈大，中小企業品牌最通用。

二十、手機 LINE 行銷

㈠LINE官方帳號行銷

手機LINE行銷方式：
1. 企業官方帳號及貼圖行銷廣告方式。
2. 發文告知產品及促銷活動訊息，刺激消費者去買該品牌或去該店消費。

㈡LINE廣告不便宜

手機LINE行銷費用不便宜：
1. 每個月企業官方帳號及貼圖費用，合計100萬元以上。
2. 中大型品牌才花得起。

二十一、網紅 KOL、KOC 行銷

挑選最合適的微網紅或大網紅，做品牌的代言人或廣告宣傳者，在其貼文或短片中，置入介紹或推薦自家品牌，以及連結導購。

第八節　品牌的整合行銷廣宣操作

一、品牌「整合行銷」操作的三十種手法

1.廣告行銷；2.通路（店頭）行銷；3.價格行銷；4.促銷活動行銷；5.事件行銷；6.運動行銷；7.贊助行銷；8.代言人行銷；9.置入行銷；10.主題行銷；11.全店行銷；12.直效行銷；13.網路行銷；14.口碑行銷；15.服務行銷；16.手機行銷；17.電視購物行銷；18.展場行銷；19.公關報導行銷；20.形象行銷；21.人員銷售行銷；22.旗艦店行銷；23.活動行銷；24.電話行銷；25.玩偶行銷；26.異業結盟行銷；27.FB行銷；28.手機APP行銷；29.YouTube行銷；30.戶外廣告。

二、品牌跨媒體／整合媒體組合操作的媒介工具

㈠電視媒體

廣告CF託播、新聞報導（置入新聞）、節目置入（戲劇、綜藝）、跑馬字幕、電視購物、電視節目冠名贊助播出。

㈡報紙媒體

平面廣告稿刊登、新聞報導置入、專題報導置入。

㈢雜誌媒體

雜誌廣告稿、專題／封面報導置入。

㈣廣播媒體／Podcast媒體

廣播稿、節目置入。

㈤行動電話媒體

手機簡訊、手機電視節目、手機APP、手機官方帳號廣告、LINE Today 廣告。

㈥網路媒體

e-mail、eDM、FB/IG/YT/Google等網路廣告刊登、專題設計、新聞網站。

㈦戶外媒體

霓虹燈、看板、包牆、地貼、賣場、POP、捷運、公車、立物。

㈧電話行銷媒體（Tele-marketing, T/M）

T/M電話行銷人員、賣保險、賣會員證、賣卡等。

㈨傳統DM媒體

大本週年慶DM特刊。

三、各種行銷工具對打造品牌的影響

效益 ＼ 行銷工具	1. 廣告	2. 公關	3. 事件行銷與活動贊助	4. 促銷	5. 直效行銷	6. 人員銷售
打知名度	√		√	√		
介紹產品					√	√
誘發興趣				√	√	√
引起欲望	√				√	
維持偏好		√		√		
建立形象	√	√	√			
強化品牌		√		√		√

四、全傳播品牌行銷溝通連續帶

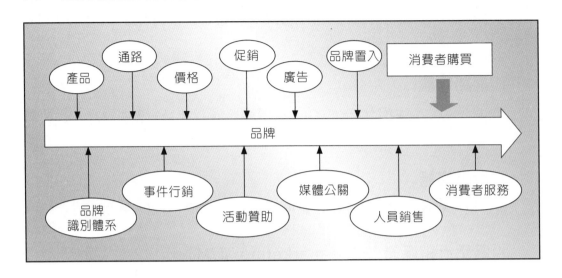

1. 品牌是行銷傳播工具的載具。
2. 行銷傳播工具包括廣告、事件行銷、活動贊助、公關、直效行銷、人員銷售及促銷等。

五、品牌經理人經常面對的市調主題

1.廣告TVC前測與後測；2.新產品之試作品市調；3.定價市調；4.品牌喜好度、忠誠度、知名度市調；5.包裝市調；6.代言人市調；7.競品市調；8.顧客滿意度市調；9.消費者行為市調；10.產品前景市調；11.新商機市調；12.業績消長市調。

六、品牌問題的市調方法

㈠量化研究

1. 電話問卷訪問。
2. 網路問卷訪問。
3. 街頭問卷訪問。
4. 店內問卷訪問。
5. 家庭問卷訪問。
6. 手機問卷填答。

㈡質化研究

　1. FGI/FGD（焦點座談會）（Focus Group Interview/Dicussion）。
　2. 一對一深度訪談。

七、二種市調名稱

㈠U&A

消費者消費使用與態度調查（usage & attitude）。

㈡Blind test

盲目測試（盲測）：盲飲、盲吃，去掉品牌logo的市調方法。

八、品牌行銷操作的六個目的與效益

　1. 促進銷售、提高業績。
　2. 獲利（賺錢）。
　3. 品牌資產的累積與品牌排名。
　4. 鞏固市占率。
　5. 提高品牌喜好度、忠誠度與再購度。
　6. 創造品牌價值。

九、品牌的（年度）行銷預算概估

㈠新產品上市

　1. 日用消費品3,000～6,000萬元。
　2. 耐久性產品（如汽車）5,000萬～1億元。

㈡既有產品維繫

　1. 日用消費品3,000～6,000萬元。
　2. 耐久性產品5,000萬～1億元。

十、品牌廣宣支出項目占比概估

1. 電視廣告TVC占60%以上。
2. 報紙、雜誌、廣播占5%。
3. 網路占30%。
4. 其他如戶外廣告、記者會、公關活動、DM等占5%。

十一、對品牌打造及維繫的八個外部支援專業公司

1.廣告公司；2.媒體代理商；3.公關公司；4.活動公司（整合行銷公司）；5.數位行銷公司；6.通路布置行銷公司；7.市調公司；8.設計公司。

十二、品牌經理人對業績狀況的掌握

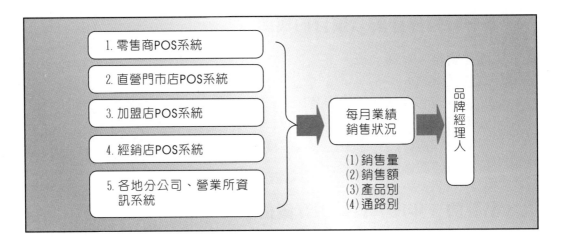

十三、日用消費品業績通路來源

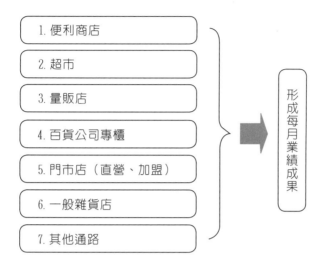

1. 便利商店
2. 超市
3. 量販店
4. 百貨公司專櫃
5. 門市店（直營、加盟）
6. 一般雜貨店
7. 其他通路

⇒ 形成每月業績成果

十四、品牌行銷與業務部的區分

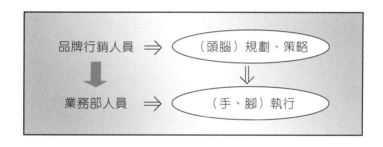

品牌行銷人員 ⇒ （頭腦）規劃、策略

⇓

業務部人員 ⇒ （手、腳）執行

十五、品牌是否獲利賺錢？

某品牌（某產品）損益表

營業收入 $0000
－營業成本($0000)
_____
營業毛利 $0000
－營業費用($0000)
_____
營業損益 $0000
（獲利或虧損）

品牌行銷（廣告）預算概述

第一節　行銷（廣告）預算的意義、功能、目的、提列及花在哪裡

一、何謂「行銷預算」？

所謂行銷預算，就是指公司每年都會提撥一定金額，作為行銷部門工作支用，以為公司發揮行銷方面的作用；英文稱為marketing budget。

二、行銷預算的功能、目的

實務上來說，行銷預算的功能、目的主要有四點：
1. 打造及維繫公司主力產品的品牌力、品牌資產（諸如品牌知名度、好感度、信賴度等）。
2. 希望維持或提高既有的年度營收額或業績額。
3. 希望有助於塑造整個企業的良好形象、優良形象。
4. 希望維繫公司既有市占率或能再提升市占率。

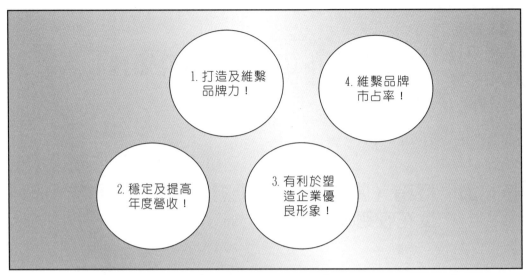

⬆ 行銷預算的四大功能

三、行銷預算應該提列多少？

公司的年度行銷預算應該提列多少呢？主要視下列三點因素而定：

㈠看競爭對手提列多少

第一個因素要看市場上主力競爭對手提列多少，我方就提列多少。例如：第一品牌每年提列8,000萬元行銷廣宣費，那麼第二品牌每年提列的金額也不能低於8,000萬元太多，必須跟上去，才有機會變成第一品牌。

㈡看年度營收額多少百分比

第二個因素則要以營收額的多寡比例為依據，換算出每年提列多少行銷預算。

例如：

1. 茶裏王飲料
每年20億元營收×2％＝4,000萬元行銷預算。

2. 林鳳營鮮奶
每年30億元營收×2％＝6,000萬元行銷預算。

3. CITY CAFE

每年130億元營收×0.5%＝6,500萬元行銷預算。

4. 統一超商

每年1,800億元營收×0.3%＝5.4億元行銷預算。

5. 好來牙膏

每年30億元營收×5%＝1.5億元行銷預算。

6. 留香蘭

每年200億元營收×2%＝4億元行銷預算。

7. 純濃燕麥

每年10億元營收×6%＝6,000萬元行銷預算。

一般來說，營收額提撥比例大致在1～6%之間，比例再高，則偏高了，會使公司獲利減少很多。

㈢看公司目標設定

第三個因素則要看公司是否有訂定一些挑戰性目標而決定；例如：公司有訂定高目標市占率、高目標品牌影響力、高目標業績達成率等；此時行銷預算金額可能也會拉高很多，以求能達成公司要求的目標。

四、行銷預算花在哪裡？

1. 每年提列的行銷預算，主要是花在哪裡呢？包括：
　⑴媒體廣宣（廣告）花費占80%。
　⑵活動舉辦花費占20%。
2. 而80%的媒體廣宣，又花在哪裡呢？主要如下圖所示：

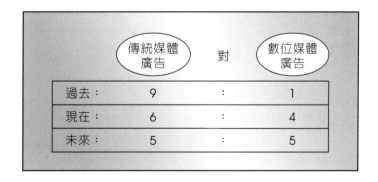

	傳統媒體廣告	對	數位媒體廣告
過去：	9	：	1
現在：	6	：	4
未來：	5	：	5

　　過去傳統媒體廣告量幾乎占了九成之多，但這十多年來，數位廣告量成長快速，已占了三、四成之多，而使傳統媒體廣告量大幅下滑，在廣告結構上產生很大變化。

五、數位廣告崛起原因

　　近十年來，數位（網路）廣告大幅拉升、增加的三大原因如下：

1. 年輕人（20～39歲）不看傳統媒體，包括不看電視、不看報紙、不看雜誌、不聽廣播；而只看網路、手機了。
2. 年輕人已成為市場消費主力，商家重視的是廣大年輕族群的消費力。因此，廣告投放也改為以年輕人為對象了。
3. 數位廣告的優點是可以比較精準的觸及TA（目標消費族群），收到比較好的廣告效果；這比報紙、雜誌、廣播的廣告效益要好很多。

第二節　電視廣告預算如何花費

　　有關電視廣告預算如何花費的細節，概述如下：

1. 對單一品牌而言，它一年的電視廣告投放預算，至少在3,000萬～1億元之間。3,000萬元係指消費品品牌，而1億元投放，係指耐久性品牌而言，例如：汽車、建築行業等。
2. 電視廣告的預算，有80%是投放在新聞臺及綜合臺，因為這二個臺的收視率較高，投放廣告的效益比較大。
3. 電視廣告的廣度夠，因為全臺有460萬家庭收視戶，每天晚上有80%的開機率。故電視廣告對產品的品牌力、品牌資產提升，確實會帶來顯著助益。
4. 電視廣告每一波投放，大致以二週（14天）的時間播放，此時需要500萬元投放費用，如果一年六波播放，恰好是3,000萬元。此時每一波的GRP（廣告曝光率、廣告聲量）約可達到300個總收視點數。此即如果放在平均0.3收視率的節目播出，則可達到1,000次的總播出次數；如此的曝光率應該是足夠了。
5. 電視廣告的播出型態，還有一種稱為冠名贊助播出，亦即把品牌名稱放在戲劇節目或綜藝節目的左上角，且一直放在那裡，讓觀眾可以固定看到。

冠名贊助每一集節目的費用，約10～15萬元，如果平均以10萬元計算，乘上100集，則要付出1,000萬元冠名贊助費用。

此種型態比較適合中小型品牌，亟須打造品牌力，可用此方式呈現，效益比較大。

6. 目前在電視廣告投放中，以三立、東森、TVBS等為前三大電視臺，每年的廣告收入及收視率，也都是比較高且最優先的前三大廣告投放臺。次要的電視臺就是緯來、中天、八大、非凡、年代、壹電視、民視等，其他還有無線三臺的台視、中視、華視。

7. 電視廣告的計價方法，目前以CPRP法／每10秒為基準。

所謂CPRP法，即Cost Per Rating Point（意即每個收視點數之成本計價）。

目前每10秒播出一次的CPRP價格，平均在3,000～7,000元之間。其中又以新聞臺的CPRP最高，每10秒在6,000～7,000元之間；綜合臺次之，CPRP在4,000～5,000元之間。其他如電影臺、戲劇臺、體育臺、日本臺、新知臺，其CPRP值就更低一些了，約在3,000～4,000元之間；兒童臺則最低，在1,000～2,000元之間。假設有一支TVCF為30秒，在收視率1.0節目播出一次，CPRP價格為7,000元，則此支TVCF播出一次的成本就要花費7,000元×3 = 2.1萬元了。如果連續在收視率1.0節目播出100次，就要花費2.1萬元×100次 = 210萬元。

8. 電視廣告的效益指標，就媒體代理商來說，它的指標只有GRP值。GRP即Gross Rating Point，亦即總收視點數；也就是說，此TVCF的總曝光率或廣告總播量；或是說，TA中75%的消費者看過此支廣告片，平均看過4次。所以，GRP就是隱含著消費者看過此支廣告片的意涵，那麼對此品牌力的提升，也會帶來一些有益效果。至於對業績力也有一些助益，但不是全部，因為，品牌每天、每年的業績多少，有沒有成長，係與行銷4P/1S（即產品力、定價力、通路力、推廣力、服務力），以及市場景氣狀況、競爭狀況、經濟成長率、促銷檔期等諸多因素連結在一起。

9. 電視廣告投放的效益，也會跟這支TVCF廣告片是否能夠拍得吸引人收看，以及能否叫好又叫座有關。常言道，能夠促進銷售的，才算是一支成功的電視廣告片。

10. 有一家每天監看電視廣告片播出的公司，叫做「潤利艾克曼公司」。它是專門監看廣告主投放之廣告是否正常播出的一家公司，畢竟電視廣告費很貴，要有人負責觀看是否播出得公正客觀。

11. 最後，目前國內唯一的收視率調查公司，即是「尼爾森公司」。它在

全臺鋪設2,400個家庭、計9,000人的個人收視記錄盒，每天記錄收看者的收視狀況。目前，大部分電視臺檢討收視率及媒體代理商應用收視率，都是採用此家公司的收視記錄資料。

第三節　網路廣告預算如何花費

一、網路廣告預算花在哪裡？

國內一年接近200億元的網路廣告預算大餅，主要花在下列十種網路媒體，幾占90%之多，包括：
1. FB（臉書廣告）。
2. IG廣告。
3. YouTube影音廣告。
4. Google聯播網廣告。
5. Google關鍵字廣告。
6. LINE官方帳號廣告。
7. 新聞網站（ETtoday、udn等）。
8. 網紅行銷。
9. 雅虎奇摩廣告。
10. 社群廣告（Dcard、痞客邦等）。

二、網路廣告計價

目前實務上網路廣告計價法，主要有下列幾種：
1. CPM：每千人次曝光成本（Cost Per Mille）。
2. CPC：每次點擊之成本（Cost Per Click）。
3. CPV：每次觀看之成本（Cost Per View）。
上述三種方式的計價範圍，大概如下：

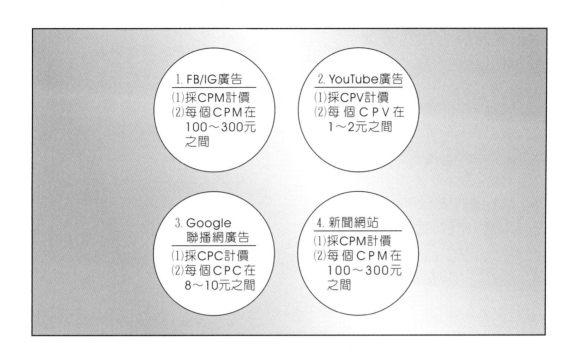

三、網紅業配行銷

目前網紅大致可區分為微網紅、中網紅及大網紅三種。

1. 大網紅：訂閱數及粉絲數都在100萬以上。
2. 微網紅：訂閱數及粉絲數在5,000～1萬之間。
3. 中網紅：介於10～100萬之間。

目前網紅每次貼文業配價碼：

1. 微網紅：每次5,000～1萬元之間。
2. 大網紅：每次5～10萬元以上。

一般消費品的網紅預算大致在100萬元以內，可採取二種方式：

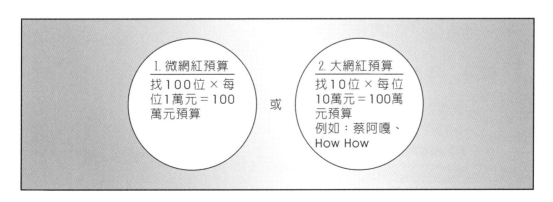

四、網路廣告預算分配

平均來說，一般消費品每年的網路廣告預算大約在1,000萬元左右即可；分配額度如下：

1. FB：200萬元
2. Google聯播網：200萬元
3. YouTube (YT)：200萬元
4. IG：100萬元
5. 新聞網站：100萬元
6. 網紅業配：100萬元
7. 其他社群及內容網站：100萬元

合計：1,000萬元預算

第四節　總計年度行銷預算數字

一、傳統媒體預算分配

除了電視之外，其他傳統媒體的預算分配如下：

1. 報紙：100萬元（50萬元×2次）
2. 雜誌：100萬元（20萬元×5次）
3. 廣播：100萬元
4. 戶外：200萬元

合計：500萬元預算

因為傳統媒體廣告投放的效益不是很高，因此，預算分配金額不必很多，只需小小投放即可，以節省廣告預算。

二、總計：年度行銷（廣告）預算

1.

電視廣告：	3,000萬元
+網路廣告：	1,000萬元
+傳統媒體廣告：	500萬元
	4,500萬元

$$
2. \begin{cases} +藝人代言人費用：400萬元 \\ +TVCF製作費：\quad 200萬元 \\ \hline 5,100萬元 \end{cases}
$$

$$
3. \begin{cases} +店頭陳列：\qquad 200萬元（1,000元×2,000個據點） \\ \hline 5,300萬元 \end{cases}
$$

$$
4. \begin{cases} +活動預算：\qquad 900萬元 \\ \hline \end{cases}
$$

總計：6,200萬元

三、活動預算（非廣告預算）

除了前述媒體廣告預算之外，另外還有一些行銷活動的預算如下：
1. 記者會：50萬元（一場）
2. 戶外體驗活動：100萬元（二場）
3. 代言人活動：50萬元（一場）
4. 旗艦店開幕：50萬元（一場）
5. 聯名行銷：50萬元（一次）
6. 運動行銷贊助：50萬（一次）
7. 公益活動：100萬（二次）
8. 藝文贊助：50萬（一次）
9. 促銷活動：200萬元

合計：700萬元

故： 廣告預算：6,200萬元（如前述）
　+活動預算：700萬元
　　　總計：6,900萬元
　（年度行銷預算總支出）

四、行銷預算占比

假設此項消費品年營收19億元，則上述6,900萬元的年度行銷總預算，占此年營收額的比例為3%（6,900萬元÷19億元）以內，尚屬合理範圍。

第五節　年終行銷預算效益評估方向

　　每年12月底年終到了，行銷部門須檢討一年來行銷廣告預算運用之效益，並對此做出評估及檢討，提出未來一年的改良、強化方向，以使效益更加提高。

　　年終行銷預算效益評估有以下六大方向：

1. 品牌力提升評估（對品牌知名度、印象度、好感度、信賴度之提升）。
2. 業績力提升評估（相較於去年，今年業績提升多少金額及百分比）。
3. 企業形象力提升評估。（企業、集團整體優良形象是否提升）。
4. 品牌市占率提升評估。（市占率與去年相較是否提升）。
5. 全臺經銷商的滿意度是否提升評估。
6. 主力零售商連鎖店滿意度是否提升評估。（如全聯、家樂福、7-11、全家、屈臣氏、康是美、寶雅、燦坤、全國電子、大樹藥局、COSTCO等）。

　　上述第一項品牌力提升否，可委外進行市場調查去求證，第四項市占率提升否，則可用尼爾森銷售調查數據去求證。

　　年終行銷（廣告）預算效益評估的目的，就是希望每一筆花費都能花在刀口上，都能獲取最大ROI（Returw on Investment，即投資報酬率，或稱投資效益）。

第六節　行銷預算檢討及調整

　　除了上述年終行銷預算效益分析之外，行銷部門也須針對下列項目的檢討及加強展開討論，包括如下圖示項目：

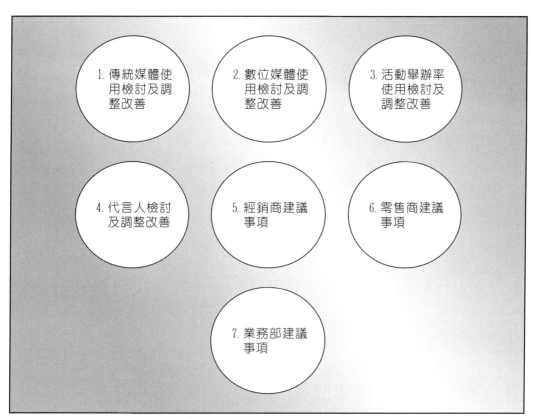

▲ 行銷預算的七大檢討事項

第七節　對委外公司的加強點

很多廣告預算都是在委外公司部分花掉的，因此，對於委外公司是否真的做到盡心盡力及節省成本，也必須提出檢討及加強點，包括如下六種委外專業公司：

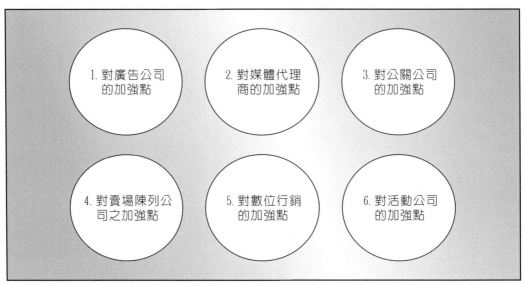

對委外公司的六個方向加強點

第八節　六大媒體年度廣告量

依據相關市場資料，國內六大媒體（含其他媒體）年度廣告量顯示如下金額：

項次	媒體	年廣告量（元）	占比
1	電視	200億	40%
2	網路＋行動	200億	40%
3	報紙	20億	4%
4	雜誌	15億	3%
5	廣播	10億	2%
6	戶外	40億	8%
7	其他	15億	3%
合計		500億	100%

全年度全體廣告客戶的廣告投放量，達500億元之多！

第九節　消費品廠商大者恆大

消費品或耐久性商品的廠商，會形成大者恆大的現象；此即這些大廠的年度廣告預算比較多，遠超過一些中小企業品牌，因此形成良性循環：大廠商⇒廣告量大⇒業績高⇒規模更大⇒廣告投放量更大⇒形成良性循環。

例如：

1. Panasonic：250億元營收×2%＝5億元廣告費。
2. 和泰汽車：1,000億元營收×0.7%＝7億元廣告費。
3. 統一企業：300億元營收×1%＝3億元廣告費。
4. 麥當勞：200億元營收×2%＝4億元廣告費。
5. 7-11：1,800億元營收×0.3%＝5.4億元廣告費。
6. 桂格：100億元營收×4%＝4億元廣告費。

第十節　消費者市調執行

在年終檢討整個行銷預算執行成效時，有些較大型的公司還會執行消費者市調，以了解並驗證下列事項：

1. 了解各種媒體廣告投放的印象。
2. 了解對品牌資產的變化狀況。
3. 了解本公司的市場競爭力。
4. 了解本公司品牌在消費者心目中的位置。
5. 了解代言人的印象度及效果如何。
6. 了解廣告對促購度的影響如何。

第十一節　行銷預算成功運用九大點

整體來說，廠商的行銷預算成功運用，計有如下九大點須注意：

一、成功的 TVCF

如何與廣告公司及製作公司共同合作，拍出具有好創意、能吸引人、令人印

象深刻、能深入人心、令人感動、能叫好又叫座的電視廣告片,是一大重點。

二、成功的媒體組合(Media-mix)

在安排廣告片曝光時,如何安排出一個具有全面性、全方位、360度、鋪天蓋地、能讓最多人看到的媒體組合,也是一大重點。

三、媒體報導多

如何讓各大綜合報紙、電視新聞臺、網路新聞報及財經雜誌等,盡可能多加報導本品牌的任何新聞,使其曝光、露出,則是第三個重點。

四、選對代言人

選對代言人,依然對品牌有顯著加分效果,因此,要多方思考及討論,選對適合本產品的最佳藝人代言人。

五、促銷活動搭配

行銷預算的花用,不能完全侷限在媒體廣宣上,應保留一部分,作為促銷活動之用,才能對業績提升帶來正面效果。

六、宣傳主軸及訴求

每年度行銷人員應該集思廣益,確立此品牌的宣傳主軸及訴求主內容,然後集中一切廣宣媒體,努力於這個焦點上,才比較容易收到好的廣宣效果。

七、整合行銷運作

年度行銷預算的運用,必須站在如何提高效益的整合性操作角度思考,以求1+1>2的綜效產生,而不要各種廣宣各自為政,各做各的,如此效果會很低;故必須重視如何整合性操作,以使廣宣達到最大聲量,也使業績能夠提升。

八、隨時機動調整

在執行各種行銷預算活動時,必須關注到各種媒體及活動的執行效果,如有不理想的,就要隨時機動調整各種廣宣媒體的配置比例,以拉高宣傳效果。

九、足夠預算

最後一點，成功的行銷廣宣預算執行，必須有足夠的預算才行；預算太少，根本做不出好的成果。像一些大品牌，每年都投入數千萬到數億元的行銷預算，才能成就今天的品牌領導地位。例如：麥當勞、Panasonic、日立、大金冷氣、花王、全聯、娘家、好來牙膏、P&G、Unilever、普拿疼、統一超商、統一企業、和泰汽車、光陽機車、桂格、味全等。

　　註：上述這些品牌，每年平均投入的廣宣費用，至少都在1～5億元之間。

第十二節　SOGO百貨週年慶行銷（廣告）預算

　　茲以SOGO百貨週年慶活動的行銷（廣告）預算為例，說明如下：

1. 週年慶全臺SOGO業績目標：100億元。
2. 行銷預算：6,000萬元（為業績的千分之六）。
3. 預算配置：
   (1)TV廣告：2,000萬元（一個月內強打TV廣告）
   (2)TVCF製作：200萬元
   (3)網路廣告：1,000萬元
   (4)大本DM特刊印製：1,000萬元
   (5)記者會：50萬元
   (6)媒體報導：50萬元
   (7)促銷贈品：1,000萬元
   (8)捷運廣告：100萬元
   (9)公車廣告：100萬元
   (10)報紙廣告：500萬元

　　　合計：6,000萬元

第十三節　行銷4P/1S/1B/2C全方位的努力及加強

　　本章總結來說，除了行銷（廣告）預算要重視ROI的使用之外，對公司銷售業績的提升，不能只靠廣告一項努力而已，而是要行銷4P/1S/1B/2C八大項、全方位的努力及加強，才可以實現業績提高的目標及目的。

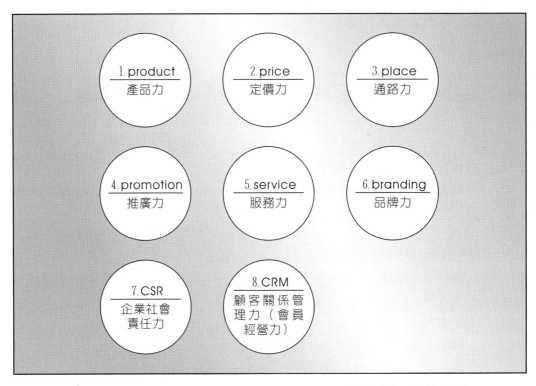

1. product
產品力

2. price
定價力

3. place
通路力

4. promotion
推廣力

5. service
服務力

6. branding
品牌力

7. CSR
企業社會
責任力

8. CRM
顧客關係管
理力（會員
經營力）

▲ 行銷4P/1S/1B/2C同步、同時全方位八大項努力強化及創新進步

品牌策略的本質、要素、形成及步驟

第一節　品牌策略的本質、要素及面向

一、品牌策略的本質

㈠品牌策略要以消費者最高滿意度與最大喜愛度為依歸

達到消費者在功能面、價格面、心理面及服務面等，均能對我們的品牌感到最高滿意度與最大喜愛的目標。

㈡品牌策略是長期的

打造品牌沒有短期的、沒有速成班、沒有抄捷徑的，也沒有不勞而獲的。沒有下五年、十年的工夫，品牌策略是不會成功的。

㈢品牌策略必須具備競爭力

打造品牌必須具備自身的差異化特色、獨特銷售賣點、成本競爭力、研發設計競爭力、行銷投資競爭力等，以此爲本質基礎，然後在這些基礎上，挑出幾個力量超過競爭對手者。

二、品牌策略形成的三個思考角度

㈠從消費者角度加以分析（consumer insight；消費者洞察）

包括消費需求趨勢、消費動機、消費者結構及消費者分析等。

例如：華碩電腦推出頂級設計、高級皮革筆記型電腦，爲NB加入時尚、名牌與流行的精品擁有需求，成爲精品電腦的品牌目標。

例如：選擇代言人、廣告CF拍攝、旗艦店、VIP會員招待等，均需滿足消費者。

㈡從競爭者角度加以分析（competitor）

了解競爭者品牌的優點、缺點、現況及未來。

尋找可以獲勝的利基空間、區隔空間、品牌空間及行銷操作方向與做法。

例如：路易莎咖啡、Cama咖啡、85度C咖啡與星巴克有所區別。

㈢從本公司自我角度加以分析（company）

檢視自己的公司及品牌，了解自己、評鑑自己、勿自欺欺人、勿不知自己所長所短。針對自己的弱點，及時加以補強，趕上競爭對手。

定期進行品牌檢測，以了解本身公司的狀況。

三、品牌行銷的三層整合戰略架構觀

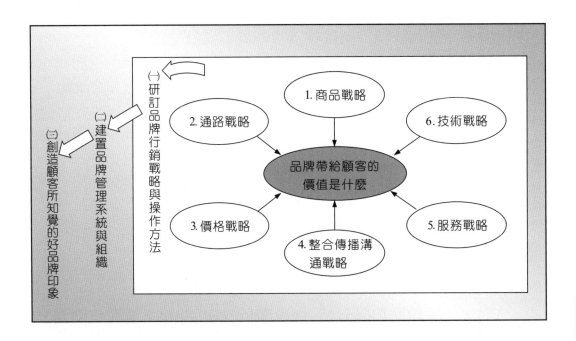

　　品牌行銷成功，需做到三好：1. 要有好的品牌行銷組織；2. 要有好的品牌行銷人才；以及 3. 要有好的行銷策略與計畫。

四、品牌行銷的六種對象

　　以下六種對象，都會造成對公司或產品的品牌形象與口碑好壞之形成：
1. 顧客（一般消費大眾、目標區隔市場）。
2. 下游通路商（經銷商、代理商、大賣場、連鎖店、零售店、專賣店等）。
3. 大眾股東（購買公司股票的一般大眾）。
4. 上游供應商（零組件、配件、原物料、半成品或成品的供應廠商）。
5. 內部員工（各部門員工）。
6. 社會大眾（大眾媒體界、意見領袖、非營利事業機構及一般大眾消費者等）。

五、品牌行銷的二大方針

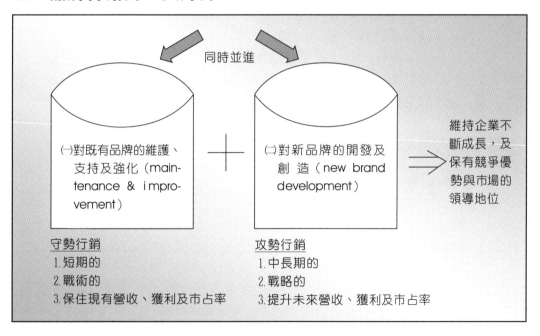

例如：P&G六種洗髮精品牌；聯合利華也有四種洗髮精、四種沐浴精品牌。留蘭香公司推出青箭、黃箭、Extra、Airwave等多種口香糖品牌。

六、檢視自我品牌狀況

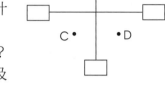

1. 目前的品牌形象坐落在哪一個指標上？
2. 所有與公司相關的利害關係人士如何看待我們目前的品牌？
3. 品牌聯想為何？看到我們的品牌，就會想到什麼？
4. 在競爭者環伺之下，品牌是如何區隔出來的？如何區隔出自家品牌可以存活的定位、利基及特色？

    例如：貝納頌咖啡飲料、薇閣精品旅館、涵碧樓、茶裏王茶飲、桂格燕麥片等。
5. 目前品牌所承襲的重點為何？
6. 不同層面、不同目標市場的消費者，如何看待目前我們這個品牌？
7. 目前品牌的優缺點有哪些？是帶給企業正面形象，還是負面形象？
8. 品牌在組織中的地位是受重視？還是被忽略？
9. 與其他相關因素，如使用者的情境、使用者的感覺、自我表現程度為何？連結程度又為何？
10. 目前品牌所擅長的是什麼？不足的是什麼？
11. 透過組織資源所能給予品牌的資源為何？可實現及支援的是什麼？無法實現的又是什麼？

問題思考

請各位檢視你們公司的品牌，在以上十一個項目中的狀況是如何？

七、品牌的自我 SWOT 分析

很誠實的做自我品牌檢視，才會有正確及有效的對策與改善成果。

(一)品牌的自我強項		(二)品牌的自我弱項	
1. ---- ---- ------ ------ ---- -----		1. ---- ---- ------ ------ ---- -----	
2. ---- ---- ------ ------ ---- -----		2. ---- ---- ------ ------ ---- -----	
3. ---- ---- ------ ------ ---- -----		3. ---- ---- ------ ------ ---- -----	
(三)品牌的環境商機		(四)品牌的環境威脅	
1. ---- ---- ------ ------ ---- -----		1. ---- ---- ------ ------ ---- -----	
2. ---- ---- ------ ------ ---- -----		2. ---- ---- ------ ------ ---- -----	
3. ---- ---- ------ ------ ---- -----		3. ---- ---- ------ ------ ---- -----	

八、成功打造品牌價值的四堂必修課——奧美整合行銷傳播前董事長白崇亮訪談

第1堂：主張——清晰傳達品牌價值

建構品牌的第一件事在於是否可以提出一個非常清晰、有力量，並對消費者有意義的價值主張。品牌價值主張必須與競爭者區隔，有堅定的企業支撐力和產品支撐力，向消費者溝通傳達。

第2堂：承諾——全力實踐品牌價值

需要不斷地實踐企業對於品牌價值的承諾，贏得消費者的信任，白崇亮提出360度觀點：

1. 你的產品是否夠強？消費者有共鳴嗎？
2. 從聲譽來看，你的產品功能是否足以支持品牌？
3. 從視覺上看，你的品牌呈現是否一致？
4. 從形象上看，你的品牌是否有具影響力的人背書，且被目標社群接受？
5. 顧客是否忠誠且持續購買？
6. 從通路上來看，品牌是否發揮槓桿效應？

第3堂：持續——更新溝通品牌價值

溝通不僅限於廣告，要全方位的，在任何時間和地點都要有讓消費者印象深刻的行為和態度，要參與消費者生活的各種層面，不只是創造短期銷售，要忠於品牌精神核心價值，持續溝通。

第4堂：共識——全力維繫品牌價值

要營造公司內部共識，形成堅強的品牌文化，讓員工都能投入和承諾，再來是創造成功的產品，這是最佳的品牌魅力。

問題思考

請試著圖示品牌主張→品牌承諾→品牌持續→品牌共識。

九、確定品牌策略的四大要素

㈠確定品牌核心價值

確定品牌的核心價值是什麼？是否會堅定不移的去固守？組織成員是否會信守，並成為企業文化？

SK-II、ASUS、Giant、Starbucks、McDonald's、NIKE、GUCCI、LV、TOYOTA、7-ELEVEN、P&G等品牌的核心價值是什麼？請你想一想。

㈡制定品牌核心的訊息

確定品牌核心價值之後，就必須要制定品牌核心訊息，目的是要向外界做出明確的溝通。在制定品牌核心訊息時，必須注意以下事項：

1. 訊息一定要和品牌的核心價值產生一致性。在做品牌訊息傳遞時，一定要謹記絕對不能違背品牌核心價值，以免消費者產生混淆。
2. 訊息一定要簡單明瞭，一看就知道品牌要傳達的意念是什麼。耐吉的「Just do it.」（做就對了），就是在傳達「活動」的概念。
3. 訊息必須是真實、有信用的。所要傳達的訊息，一定要真實可靠，就連所屬的員工都要確認無疑。FedEx的「使命必達」所傳達的訊息，就屬真實性。
4. 訊息的訴求及傳遞一定要和目標市場的消費群產生緊密關聯性。品牌所要傳達的訊息，必須要和消費者切身需求產生最大關聯性及實用性，絕對要避免使用空洞用語。
5. 要有區隔化。品牌訊息是要傳達企業獨一無二的品牌核心價值，所以一定要與競爭者加以區隔，千萬不要讓消費者好不容易記下了品牌訊息，卻認為競爭者才是品牌訊息的傳遞者。

㈢定義一個獨特的品牌個性

例如：信賴、熱情、風趣、歡樂、獨立自主、關懷、酷、樂觀、自信、速度、品味、剛強、流行、時尚、頂級、榮耀等，均可作為品牌個性。

(四)制定象徵品牌形象的標章

1. 易記的品牌名稱。
2. 獨具巧思的視覺形象。
3. 獨特聲響的聽覺形象。
4. 觸覺形象。
5. 獨特味道的嗅覺形象。
6. 味覺形象。

十、理想品牌塑造過程圖示

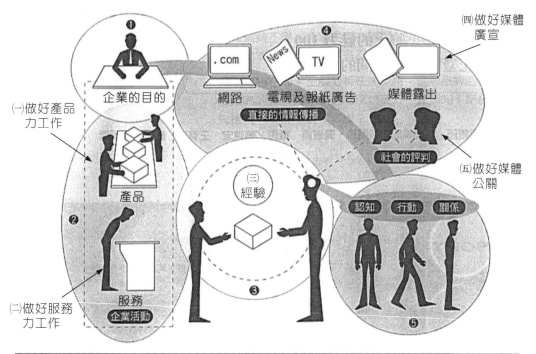

1. 企業的目的決定品牌策略。品牌是企業價值觀的體現，是企業對社會的一種承諾，它代表了企業獨特的文化和目的。
2. 產品與服務等企業活動，是最直接影響品牌的因素，不論是產品線的延伸、品質優劣、服務流程，都能讓品牌在消費者心中的排序產生變動。
3. 消費者尋找能夠與日常生活型態相搭配的經驗，而品牌正好吻合了這種渴望與夢想。使用經驗也會形成口耳相傳，而且是不論好壞。
4. 以各種媒體傳播方式形塑品牌態度（brand attitude）與品牌偏好強度（strength of preference），強化品牌知名度、信譽度的昇華與塑造。
5. 從認知、記憶到形成態度及好感度，最後產生購買行為，並保持長久的關係。

十一、品牌策略思考的六大面向

事實上，執行一個品牌時的行銷策略思考，可以從六大面向著手。如果能夠同時做好這六大面向的各細項，就代表很完整的考慮到很多打造品牌細節中的細節。

奧美廣告集團曾提出要站在更高的戰略點，來分析、規劃、評估及推動品牌打造之後的六個面向，包括：1.產品面；2.通路面；3.顧客面；4.形象與聲譽面；5.廣宣面；6.視覺面。

內容細項如下圖所示：

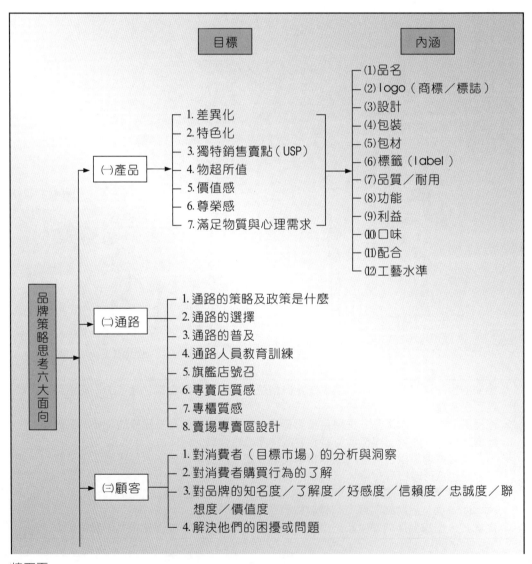

接下頁

承上頁

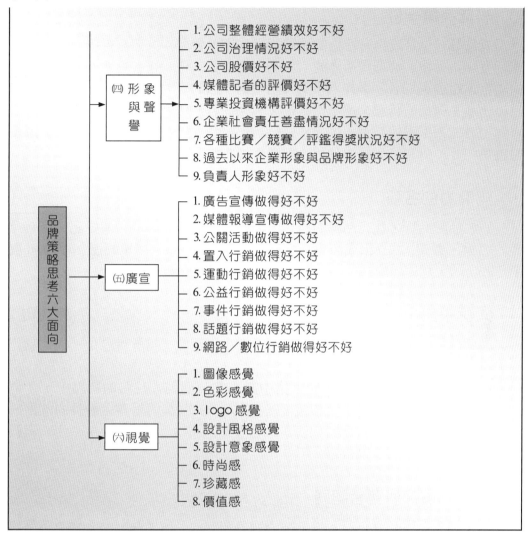

品牌策略思考的六大面向

十二、成為 NO.1 的十五項「品牌法則」

　　國內行銷專家陳偉航先生在一篇專論中，參考了美國大衛國際品牌顧問公司兩位創辦人比爾‧史克利及卡爾‧尼可斯的意見，他們均曾替美國P&G及可口可樂等大企業擔任品牌行銷顧問工作，也共同總結出要打造NO.1的品牌地位，應遵循以下十五項必要法則。陳偉航專家的專論中，同樣提到這十五項法則，分述如下：

㈠成為第一位

成為第一位是最具有威力的品牌行銷法則。譬如：人們記得第一位登陸月球、發現新大陸、飛越大西洋的人，卻不記得第二位。在各種比賽中，第一名的獎金遠超過第二名，事實上，第二名和第一名的實力相差不遠，但人們只重視第一名。同樣的狀況，選美比賽最後入圍的五名佳麗，人們也只記得贏得后冠者，其他人都很快被遺忘。「No. 1 is everybody. No. 2 is nobody.」品牌策略也是如此，只有第一位的品牌會被消費者牢牢記住。

㈡有力的名稱

好的品牌名稱，代表品牌的一切，因此你應該給品牌取一個好記又富有意義的名稱。譬如：NIKE取名自希臘的勝利女神；Apple簡單好記；Google取名自googol，意即10的100次方或天文數字，代表搜尋功能的強大。

㈢訴求集中

品牌的特點講解得愈多，人們就記得愈少；反之，講解得愈少，人們就記得愈深。

這來自於第一條法則，因此，集中訴求在一個別人沒有的特點上，才能讓消費者印象深刻。譬如：金頂電池（Duracell）強調的是壽命最長的電池、ESPN代表運動電視臺、CNN代表新聞電視臺、勞力士（ROLEX）代表高級錶、賓士（Benz）代表高級車。

㈣第一個被消費者認同

最早推出新商品沒有用，最早被消費者認定的品牌才是No.1。IBM不是第一個發明大型電腦的公司，但IBM卻是第一個被消費者認定為大型電腦的No.1品牌。

㈤必須是顧客真正想要的

不管你的賣點有多好，如果不是顧客想要的，就不具任何意義。在網路興起時，有許多達康（.com）公司紛紛成立，雖然賣點很好，卻因為不是顧客真正想要的而失敗。

㈥具有可信度

光是主張你的品牌具有獨一無二的賣點還不夠，你不但要讓消費者相信，而且也可以說到做到。消費者對許多品牌都有既定的觀念，如果你想推出比原有品牌更好的產品，消費者通常都會抱持著存疑的態度。因此，豐田（TOYOTA）在推出高級車的時候，便很聰明的不使用豐田，而使用凌志（LEXUS）的品牌名稱。

同樣的，李維（LEVI'S）以產銷牛仔褲聞名，但它準備推出上班族穿的休閒褲時，就不用李維卡其褲的名稱，改用DOCKERS的品牌，結果銷售非常好。反觀VW一向以小型的金龜車聞名，卻不自量力地推出大型豪華車Phaeton，結果銷售不佳。因此，品牌必須具有可信度，才能贏得消費者認同。

㈦提供無法拒絕的利益

每個人都希望你提供的產品能夠帶給他更快樂、更聰明、更健康、更富有、更安全、更安心、更吸引人、更成功等效益，因此品牌賣點必須具有上述八個特點之一，同時訴求要很直接且有力。

㈧容易了解

不管產品設計或訴求都要簡單，愈容易了解愈好，廠商往往會站在專業的立場推銷自己的產品，但消費者往往很難了解，或被一些專業術語給弄糊塗了。因此要站在消費者的立場，以消費者能懂的語言來訴求。微軟的視窗軟體之所以能夠獲得80%以上的市占率，就是它容易了解和操作。

㈨感性訴求

人是感情的動物，因此感性的訴求比理性更具有威力，能夠讓消費者留下深刻印象。美國牛奶推廣協會在推廣牛奶時，不是登廣告說牛奶多好喝、多有營養，而是找了許多名人拍照，每個人的嘴巴都留下一道牛奶鬍子，廣告的主題只有簡單的兩個字「Got Milk」，讓人露出會心微笑。

㈩具有一致性

品牌所傳達的訊息和產品的特點、服務的內容，都必須具有一致性，才能讓顧客感覺滿意。美體小舖（THE BODY SHOP）標榜所有產品都是採用天然原料製成，整個店和商品的主要色系都是綠色，具有天然的感覺，而且強調不用動物做實驗，更贊助「保護雨林」活動，從商品到宣傳都具有一致性。

(十一)明確訴求

再也沒有比明確的訴求更令人心動，譬如：「全面四折特價」、「零下4度C的感覺」、「堅硬如十四克拉的鑽石」、「環法自由車賽冠軍得主藍斯·阿姆斯壯（Lance Armstrong）專用腳踏車」等，因爲訴求明確而更加具有說服力。

(十二)顯而易見的好點子

往往靈機一動，第一個想到的點子就是最好的點子。有許多顯而易見的特點常常被廠商所忽視，反而鑽進牛角尖。VW公司推出金龜車時，只簡單訴求「Think Small」，強調小則美，結果一炮而紅。

(十三)實至名歸

品牌的訴求要和商品特點相符，才是No.1品牌的最佳保證。名牌產品從設計、製作到銷售都追求完美，才能維持名牌的信譽。香奈兒（CHANEL）和LV都讓人有實至名歸的感覺。

(十四)客觀的驗證

再好的想法都必須得到消費者的認同才能禁得起考驗，因此不要閉門造車、一廂情願地認爲顧客一定會同意你的看法。在訴求你的產品特點之前，最好先徵詢消費者的意見再進行。

(十五)贏得信任

消費者對品牌的信任最重要，不管你的廣告或宣傳多麼有趣或具有娛樂性，如果消費者不信任你的品牌，就不會買你的商品。因此，要和顧客建立長久的親密關係，顧客才會信任你的品牌而不會動搖。

上述第一項到第六項，是打造品牌成爲獨一無二、與眾不同的法則，而第七項到第十五項，則是讓品牌滲透和抓住消費者心理的法則。

讓消費者記住「第一位」的五件事：

1. 人們只記得一件事，因此不管你的品牌具有多少特點，你只要強調一件人們能夠記得的特點。
2. 你必須提出別人沒有的、與眾不同的主張，譬如：你是最安全的汽車（VOLVO富豪汽車）、速度最快的晶片（Pentium奔騰晶片）等。

3. 第一位當然不只一個，但是你可以在各個類別裡找到屬於你自己第一的位置。譬如：微軟是所有軟體的第一位，但諾頓（Norton）則是防毒軟體的第一位，Quicken是個人理財軟體的第一位，甲骨文（Oracle）則是資料庫軟體的第一位。

4. 如果你不是第一位，就要想辦法改變遊戲規則，自創一格，成為第一位。譬如：速霸陸（SUBARU）推出具有休旅車和貨車兩者合一的車種，成為休旅型貨車的第一位。

5. 找出任何第一位的事實，宣稱第一位，譬如：銷售第一、品質第一、口味第一、服務第一等。

第二節　品牌策略發展及建立強勢品牌的步驟

一、建立品牌發展策略的步驟

臺灣奧美集團前董事長白崇亮建立品牌發展策略的六項步驟如下：

㈠提出品牌價值主張（brand value proposition）

1. LV代表一個超值（premium）品牌。
2. Nokia：科技始終來自於人性。
3. 可口可樂：擋不住的暢快。
4. 海尼根：就是要海尼根。

㈡全力實踐品牌價值的承諾（do your brand commitment）

要傾企業之力實踐品牌承諾，讓消費者一再經驗品牌承諾的價值（全公司政策、全公司制度、全公司企業文化、全公司各部門、全公司人員、全公司上游供應商及下游通路商等均需納入）。

㈢持續溝通品牌價值，進入消費者內心世界

每一次的接觸，傳遞更合適的訊息，使消費者對品牌有更豐富的經驗。想提升心占率，溝通管道要靠各種多元的、適當的媒介工具及宣傳，以傳達到更多人的眼裡及心裡。

㈣營造企業內部共識，形成堅強的品牌文化

例如：美國P&G公司將每年4月23日訂爲「消費者老闆日」；臺灣統一7-ELEVEN將每年7月7日訂爲「全員工下店面現場服務日」。

㈤創造成功傳奇是最佳品牌魅力

做品牌有三個層次，依序是：外顯、內涵以及神話。

成功的故事最動人，也最能爲品牌加分。

例如：Starbucks（星巴克）、LEXUS（凌志）、acer等，均有成功傳奇故事。

㈥嚴格管理品牌識別的一致性

所有品牌出現的時間及空間，其視覺表現與個性表現是否一致？任何人及任何部門，均不能破壞此種一致性。

例如：星巴克、麥當勞、屈臣氏、燦坤3C、新光三越等店面設計。

問題思考

請問你們公司的品牌價值、品牌承諾、品牌文化是什麼？

二、建立強勢品牌四步驟

步驟一：發展品牌願景（brand vision）

品牌建立是一場馬拉松長跑賽，而不是百米的短跑競爭，所以一定要講品牌願景，透過品牌願景，企業可以向消費者及所有與品牌相關的支援者描繪及承諾未來願意達成的目標，更可以爲企業創造營收及利潤。品牌願景必須和企業理念相契合，企業理念彰顯的是企業最高的指導原則，是帶領企業往正確方向前進的藍圖，實踐企業理念的方法很多，品牌願景則是實踐方法之一。

就如公司的願景般，品牌願景也是公司重要的一環。透過品牌願景，公司必須承諾它將來願意達成的事。好的品牌願景，必須描繪出它可以爲公司達到的策略及財務成長目標。要如何建立品牌願景？首先，召集公司的高階主管開會，整個管理團隊都應該參與討論的問題，包括：

1. 我們想進入的市場、產品線以及通路是什麼？

2. 公司的策略及財務目標是什麼？品牌在這些目標裡扮演怎樣的角色？

3. 今天我們品牌的地位如何？明天又是如何？

4. 爲了品牌，我們可以投入多少資源？

5. 現在的品牌可讓我們達到預期目標嗎？或是我們需要再定義產品嗎？

在設立品牌願景時：(1)不只要搜集內部的聲音；(2)更要注重外部的資訊；例如：深度探討公司最重要的兩個競爭者。

問題思考

1. 請問貴公司的品牌願景是什麼？有沒有訂出來？做得到嗎？

2. 品牌願景：(1)迪士尼：「全地球最快樂的地方」（The happiest place on the earth.）。

(2)星巴克：「品味咖啡、品味人生最佳的場所」。

(3)家樂福：「一站購足最便宜的購物超市」。

(4)LV：「讓您走在流行與時尙尖端的精品人生」。

(5)SK-II：「帶您進入美麗人生與美的旅程」。

步驟二：決定品牌形象

高階主管開完會，達成共識之後，接下來就是要決定「品牌形象」，品牌形象代表產品在顧客心中的樣貌。它的決定因素很多，例如：產品的外觀、屬性、等級、設計風格、功能，以及產品在消費者生活中的角色，它代表了什麼樣的人格。

戴維斯（Scott M. Davis）指出，產品的外觀雖然重要，但如果產品在消費者心中沒有產生價值，就不會產生作用。

1. 重要的是建立消費者對品牌的「聯想」（associations）。例如：雷夫·羅倫（Ralph Lauren）是著名的服裝設計師，當其他設計師以提供高品質、耐用、經典的服裝爲訴求時，羅倫卻以個性化爲訴求，成功打入消費者的心坎，讓消費者穿他設計的衣服都能感覺很愉快。

2. 除了品牌聯想之外，品牌形象的另一個決定因素是「品牌人格」。這兩個因素合起來，決定品牌在消費者心中的形象。品牌人格指的是當消費者看到你的產品時，會聯想到什麼人？什麼性別、價值觀、外觀以及教育程度？這些聯想會將產品深入到消費者的生活中，讓消費者覺得和這個品牌就像朋友般。當你的品牌人格很吸引人時，就可以轉

換成產品的「獨特賣點」（unique selling proposition），如果你的品牌缺乏這樣的特性，消費者也不會想和產品發生關聯。

3. 決定品牌形象後，接下來要擬定你的「品牌承諾」（brand commitment）。根據市場反應，列出一長串你想對顧客達成的承諾。列出清單的原因是爲了提醒自己，顧客對你的期望與感覺是什麼，也讓經理人更誠實地面對自己的品牌。例如：星巴克咖啡所訂定的品牌承諾如下：

⑴在市場上提供高品質的咖啡。

⑵提供多樣性的咖啡選擇，以及搭配的食物。

⑶溫暖的、友善的，就如同家裡一般的環境，適合顧客談天或閱讀。

⑷顧客享受喝咖啡的經驗，勝於喝咖啡。

⑸友善而直率的員工，迅速處理訂單。

⑹成爲工作上班地點與家庭兩地間，最佳的第三個場所。

爲了達到這些承諾，星巴克僱用直率的員工、增加新產品、教育顧客關於咖啡的常識，並且在各分店提供品質一致的咖啡。

步驟三：發展品牌管理策略（包括目標市場、品牌定位、品牌特色、品牌利基空間及其成長）

當你決定好你的顧客是誰，以及他們想要的是什麼後，就可以開始爲品牌定位。首先，找出你追求的目標市場、品牌所在的產業或事業、陳述你的品牌與其他品牌的關鍵差異點，以及可以提供給消費者的利益。接著，擬定你的成長策略，確保你的品牌在消費者心中的地位。要注意的是，品牌定位也必須爲公司帶來收入及利潤。

步驟四：建立支持品牌的組織文化

將品牌列入策略規劃中，參與的層級也會提高。對員工的獎勵，也會依據他們對品牌建立的貢獻度而定。

三、品牌策略的形成步驟

㈠設定品牌承諾（set up brand commitment）

品牌承諾是建立品牌的基石，開發品牌承諾的目的是在創造、開發或提升一個全新或是既有品牌的基本概念，讓現有與潛在顧客在使用該品牌的產品

（服務）後，能夠獲得預期的利益（包括功能上、心理上及情感上），以創造競爭優勢。品牌承諾應傳達三種基本訊息：

1. 一定會執行某種好的事情

比如說，麥當勞強調提供Q、S、C、V〔Quality（品質）、Service（服務）、Cleanness（清潔）、Value（價值）〕的管理信念給消費者；星巴克咖啡提出家裡及辦公室之外的「第三地」論點，就是一個讓消費者放鬆、充電的綠洲。

2. 要傳達出某種保證

比如說，FedEx（聯邦快遞）提出「使命必達」的保證。

3. 要對未來傳達卓越及成就的願景

比如說，普摩斯（Promus）國際飯店對消費者所做的承諾，不但包含了目前的承諾，還包含未來的承諾：「我們的承諾是無條件的、一視同仁的，並有我們的滿意保證為後盾。」也就是說，普摩斯國際飯店所承諾的，不是偶爾一次才會提供好的服務給顧客，而是永遠都會為每位顧客提供最好的服務。

㈡創造品牌藍圖（create brand map）

品牌承諾是在腦海中生成的信念，是一種訊息，必須透過規劃一一達成，規劃的階段、路線、架構、內容，統稱為「品牌藍圖」。

品牌藍圖的敘述說明如下：
1. 經過詳細規劃的方式，並用創造、設計、傳播等方式傳達品牌形象。
2. 決定品牌風格與特性。
3. 勾勒出品牌承諾的具體計畫，並為品牌賦予名稱、特性，讓品牌具有生命。

品牌藍圖的目的是在為品牌傳播做架構，所以由其中所創造的任何一個品牌元素，都必須要反映出品牌承諾的主要信念。

品牌藍圖最主要的品牌元素，包含：品牌名稱、圖形標誌、符號、標語、性格、插曲、包裝設計。每一個品牌元素都可以獨立成為單一的元素，但在運用時，都必須要具備「口徑一致」的特性，不能單打獨鬥。無論該元素是以何種型態或面貌出現，都必須具備有效而且能夠正確將品牌訊息傳達給消費者，以及達到提升品牌的價值。

㈢擬定品牌策略及品牌計畫

1. 擬定品牌策略是要陳述品牌競爭優勢及所採行的競爭策略為何,而不是一種行銷組合濃縮、目標陳述或是一般性焦點。

   例如:SK-II化妝品、保養品及面膜年度代言的藝人選擇,一定要是具高知名度、形象良好、能獲得消費者認同的藝人或名模才行。要找就要找最好的,這是品牌代言人的基本原則。

2. 品牌計畫之擬定是根據品牌策略加以完成,品牌計畫包含產品策略、價格策略、通路策略、促銷策略、現場環境策略、廣告策略、公關策略、人員銷售策略等組合。

3. 所謂計畫不僅是要描述功能、特性,還必須涉入許多消費者心理學的觀感、認知、排斥、抗拒等過程。在計畫中除了要站在消費者立場述說,還需要考量競爭者品牌的行銷計畫,以免讓消費者產生混淆的情況出現。

㈣創造品牌優勢

1. 要創造品牌優勢的方法有很多可以運用,包括:

   ⑴品牌延伸。

   ⑵品牌聚焦集中。

   ⑶品牌結盟。

   ⑷副品牌。

   ⑸創造未來品牌。

   ⑹品牌價值。

   ⑺品牌網路化。

   ⑻品牌代言人。

   ⑼品牌區隔定位。

   以上種種方式,讓品牌能夠搶占消費者的心中地位。

2. 要消費者在琳瑯滿目的品牌中選擇同一品牌,的確是很不容易的事,要能夠保持長久優勢,讓消費者記得品牌的好處,並成為品牌愛好者,就必須創造品牌優勢。

3. 最大的品牌優勢就是差異化,但是在產品(服務)同質化的時代,要在功能、性能上創造差異化實屬不易,還需從消費者生活型態、行為模式、思想模式、情感需求等方面做考量。另外,經過市場變遷、科技不斷研發,今日的差異化往往到了明天已經變成劣勢,因此實施品牌差異化時,必須隨時檢視差異化是否仍具有優勢。

四、打造卓越品牌的五個步驟

(一)圖示

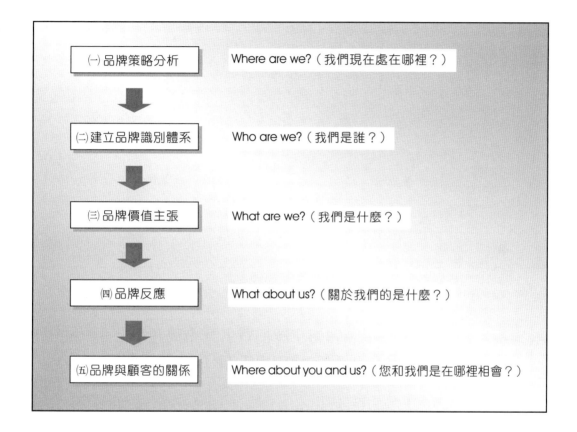

(一)品牌策略分析	Where are we?（我們現在處在哪裡？）
(二)建立品牌識別體系	Who are we?（我們是誰？）
(三)品牌價值主張	What are we?（我們是什麼？）
(四)品牌反應	What about us?（關於我們的是什麼？）
(五)品牌與顧客的關係	Where about you and us?（您和我們是在哪裡相會？）

(二)品牌策略分析（3C分析）

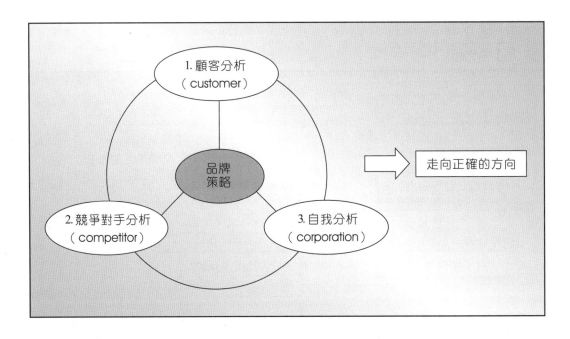

〈案例〉LVMH 精品集團如何了解消費者及市場趨勢——LVMH 珠寶鐘錶事業群總經理帕思卡（Pascal）的觀點

　　我們不太做大規模的市場調查，因為這類調查只給你對於消費者泛泛的大概念，卻無法給你消費者對於流行喜好的趨勢。多數時候，我們花更多時間在店面的第一線接觸消費者、接觸店經理、觀察客人的購買行為、聆聽他們的建議。在精品這個行業，你必須把市場的聲音時時記在心中，時時去感受它。

　　同時，精品的消費者對於美的感受力都是很強的，所以我們的業務人員不只要了解產品、顧客，他們對於藝術領域也要有所涉獵，並且經常去看很多的展覽；他們對於美麗事物的鑑賞力也要很強，才能夠具有聞到趨勢的嗅覺。可以說，在這一行要了解趨勢，需要花大量的「現場工夫」（field work）。

(三) 建立品牌識別體系（brand CI）

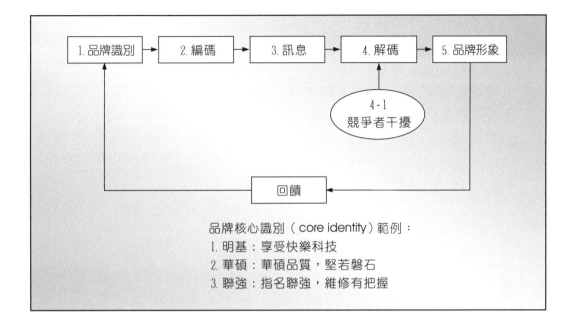

品牌核心識別（core identity）範例：
1. 明基：享受快樂科技
2. 華碩：華碩品質，堅若磐石
3. 聯強：指名聯強，維修有把握

(四) 品牌價值主張（brand value proposition）

1. 功能利益的價值主張。
2. 情感利益的價值主張。
3. 自我表現／自我實現的價值主張。

問題思考

　　在這三個品牌價值主張的原則上，你將會如何轉換成為實際行動的行銷企劃方案呢？

(五) 品牌反應

1. 顧客是否依照我們規劃的反應？
2. 當顧客聽到我們的品牌有反應嗎？有正確的反應嗎？
3. 顧客對三種價值主張的內心深處想法為何？
4. 我們想知道What about us？

5. 品牌是公司與顧客對話的橋梁。

㈥**品牌與顧客的關係**

1. 建立與顧客某種獨一無二、優先的、心甘情願的、友好的、偏愛的與習慣性的關係。
2. 顧客資料庫（data-base）的建立，關係著行銷的運作。
3. 獲取顧客終身價值（Customer Life Value, CLV）的品牌理念。

P&G公司：行銷理念與品牌管理制度的先行者

一、公司概況

P&G創立於1837年，經過190多年的持續努力，P&G現在是全球最大的消費品公司，年營業額達600億美元，旗下品牌近三百種，行銷全球160多國，服務將近50億消費者，其所包含的產業有：美容保養品、婦女衛生、洗沐品、嬰兒用品、家用品等。旗下知名的品牌則有：飛柔、潘婷、海倫仙度絲、好自在、幫寶適、歐蕾、品客、SK-II、沙宣等。

二、品牌管理制度的創造者

長久以來，P&G一直在產品的研發、製造以及行銷上，居於全球領導地位，尤以行銷的優異表現為最。1931年時，P&G的品牌經理提出以「品牌管理」為主題的報告，獲得高階主管的認同。於是，P&G就成為品牌管理制度的先驅者及擁護者，其行銷運作也隨之轉變成以品牌為核心的操作，此制度一直沿用至今，已成為P&G最大特色。P&G經由品牌經理全權負責品牌經營制度，鼓勵內部良性競爭，進而達到提升員工士氣與公司績效的雙重利益。

三、人才是企業最寶貴的資產

P&G對人才的重視在業界是出了名的，為了激發員工的向心力與認同感，確保公司利益與員工利益能夠合而為一；P&G在員工福利與激勵制度上也投注了很多心力。

P&G堅信，人才是企業最寶貴的資產，也是企業競爭力的根本來源，如果沒有源源不絕能為公司整體利益奮戰不懈的優秀人才，P&G如何能持續在市場稱霸？又如何能持續經營其行銷王國？

四、以研發為力量

P&G給人的印象，是一個行銷導向的企業。其實，該公司是最早的研發企業，研發是P&G的經營力量。

P&G自成立以來，一直對產品研發非常重視，希望能持續推出滿足消費者需求的優異產品，以作為行銷操作的重要基礎。目前，其研發經費大約占其年營收額的4%之高，全球共設有22個研發中心，並聘有7,500名左右的研發人員。這樣的投資手筆遙遙領先競爭同業，也使P&G的研發及創新能力是其他競爭者難望其項背。

產品研發是P&G在行銷操作上的重要支柱，在探討P&G行銷成功奧祕時，千萬不能忽略P&D研發這個重要的幕後支援角色。

五、以品牌經營為核心要務

品牌經營已然成為P&G最核心的關鍵事務，品牌幾乎可以說是P&G的一切。在P&G的任何會議或討論裡，只要是違反品牌資產的決策，都會遭遇強烈反對與質疑。行銷人員最大的使命與任務，就是如何建立、維繫、強化品牌的生命。

六、經營管理的四項指導原則

P&G在經營管理上有四項指導原則，即：

㈠消費者至上（valne consuners）

「消費者至上」是驅使P&G深入了解消費者及進行其他行銷操作的基本原動力。事實上，消費者至上已成為P&G企業文化的一環，並成為所有員工日常工作的一種習慣與態度。

在這樣的指導原則下，驅使P&G的行銷人員大量運用市場調查，並透過各種管道搜集市場情報，以深入了解消費者，探知消費者的認知及需求缺口，累積對消費者的認識與了解，進而從中萃取出消費者洞察，作為品牌管理的重要參考依據。

這種傾聽顧客心聲、了解顧客需求的做法，正是呼應了「顧客所需，常在我心」的基本行銷原則，也符合P&G長久以來所鼓吹之「以消費者需求為基礎」的品牌管理機制。

㈡發展優異產品

就發展優異產品而言，基於對顧客的尊敬與重視，P&G投注了許多心力在產品研發上，希望不斷推出帶給顧客真正價值的優異產品。

P&G的研發努力是以消費者需求為基礎的，除了P&G獨立設置的行銷研究部門之外，研發部門也有責任進行市場調查與消費者研究，深入了解消費者行為與需求，據以作為研發的基礎，研發的方向才能與消費者需求相契合，也才能持續推出符合市場需求的優異產品。

因此，P&G每年都投入巨大經費，尋求下個年度產品的改善空間，開發深具潛力的創新產品，P&G對研發的投資與產品的銷售，一直是領先競爭對手的。

㈢創造獨特品牌

就創造獨特品牌而言，P&G一向堅信品牌的威力，認為產品優勢固然是品牌的核心關鍵，但品牌本身也應該塑造出獨特的形象，並與消費者建立情感與信賴的連結，進而與競爭品牌有所區隔。因此，品牌的知名度、形象，以及消費者的信賴程度，就變成左右消費者購買決策的關鍵因素。這也是P&G堅持每個品牌要獨立運作，並塑造出獨一無二的品牌形象，且在市場上建構出專屬品牌資產的根本原因。

㈣放眼未來

就放眼未來而言，有些企業著眼於短期收益，而不願投資未來，這與P&G的長期眼光形成強烈對比。

為了放眼未來，P&G認為品牌本身必須充滿活力與生命力，並且與時俱進，因為品牌運作的目的並非短暫的榮景，而是永續的經營。

七、抓住消費者的心

為了加強對市場與消費者的了解，P&G的研發部門也要從事市調工作，以確保研發部門不會與市場脫節。例如：在中國北京的研發中心裡，除了研發技術單位外，還設置了消費者行為研究部；該部門負責深入了解消費者的行為習慣、購買決定、消費需求、產品評價，以及社會變化趨勢等。

八、市場調查

當產品研發告一段落時，品牌管理小組將進入主導，接下來的研究方向，將偏向市場行銷的面向。如果一切市場調查都獲得正面反應，產品就會順利上市，否則可能會退回研發部門重新研究。

此外，研究人員也會在徵得受訪者同意的情形下，對受訪者進行「家庭訪視」（home visit），藉由直接到受訪者家中進行深入觀察，實際了解消費者的生活習慣及產品使用狀況。

另一種研究方法，則是將研發中的新產品留置在受訪者家中，由受訪者家中的成員試用，然後，研究人員再回到受訪者家中，了解新產品試用狀況、滿意與否，以及有什麼需要改善的地方。

P&G的研發策略是以消費者需求爲基礎的創新策略，任何重大的研發計畫，都必須以具體的市調資料作爲支持，不能僅憑研發人員個人的主觀意見。因爲，研發部門研發出來的新產品，終究要接受市場考驗，如果產品本身能夠契合消費者的需求，行銷操作才能在有利的產品利基上成功出擊。

九、深耕經營通路

P&G逐漸體認到，光靠品牌優勢已不足，於是開始積極與通路客戶建立良好關係，有效打通通路這個行銷運作的任督二脈。

因此，P&G業務部門積極與通路合作，進行聯合行銷與店內行銷等活動。例如：DM廣告、特別陳列、店內展示、派樣等，以換取通路客戶對P&G旗下各品牌的善意與配合。

1997年，P&G將業務部門重新命名爲「客戶業務發展部」（Customer Business Development, CBD），並有下列四個努力方向：

　　1. 幫助客戶選擇銷售P&G的產品。
　　2. 幫助客戶管理產品陳列空間。
　　3. 建議客戶合適的定價，幫助他們獲利及銷售。
　　4. 幫助客戶設計有效的行銷方法，吸引顧客，並增加銷售量。

十、行銷人員的十項基本功

P&G品牌行銷人員應具備十項基本功，詳列如下：

　　1. 資料分析能力。
　　2. 促銷能力。
　　3. 對消費者的了解。

4. 通路了解。
5. 財務分析技巧。
6. 溝通能力。
7. 文案發展能力。
8. 媒體企劃能力。
9. 行銷計畫發展。
10. 行銷活動執行能力的優異程度。

十一、競爭者導向

P&G持續關注競爭者的優勢來源、競爭地位、行銷策略，以知己知彼、百戰百勝，這是在高度危機意識下所持續關注的重點。

P&G的行銷人員都非常具有危機意識，隨時都在關注市場變化，不斷思考自己應該採取什麼因應對策，絕對不會因為品牌優勢而對市場變化掉以輕心。

十二、顧客導向

P&G很堅持顧客導向，計有四項：

㈠重視且尊重顧客

因為顧客才是員工真正的老闆，也是行銷運作的最後裁決者。客服部門會定期將顧客所反映的事項加以整理，提供各部門主管參考改善，以示對顧客聲音的重視與尊重。

㈡強調從顧客觀點思考，而非廠商觀點

強調從顧客的角度與觀點思考及解決問題，並深入了解消費者的認知與感受，以同理心設計出令顧客滿意的行銷運作。

㈢對顧客需求的持續探索

試圖找出未獲滿足的消費者需求與行銷切入的機會點。

㈣致力於顧客滿意度的提供

因為顧客的滿意度是企業長治久安的堅實基礎，P&G相信高滿意度的

顧客會維持更長久的忠誠度，買得愈來愈多，進而成為宣傳正面口碑的品牌大使。

十三、對品牌管理的了解之總結

1. 品牌績效的好壞攸關企業的興衰成敗。
2. 品牌管理的重點，在於品牌資產與品牌形象的建立、維繫、延續以及強化。
3. 信守品牌承諾，全員投入，以及維持一致性，是維護品牌資產的三個基本原則。
4. 品牌是P&G立足市場的重要優勢與利器，所有人均應好好珍惜這個寶貴資產，並讓它有效發揮。
5. 品牌管理既重一時，也重千秋，切不可棄長就短，只圖眼前利益。
6. 品牌管理需要見樹又見林，不可圖個別品牌的利益，而傷害到其他品牌或公司整體利益，必須以大局為重。

十四、P&G 成功的六項關鍵因素

綜合來說，可以歸納出P&G公司成功的六項關鍵因素如下：
1. 優異產品之優勢。
2. 品牌經營能力之優勢。
3. 行銷專業能力之優勢。
4. 企業文化之優勢。
5. 人才優勢。
6. 全球性組織資源之優勢。

第8章 如何提升品牌行銷競爭優勢並對抗不景氣

第一節　提升品牌行銷競爭優勢的二十項成功對策組合

一、行銷競爭環境的變化

綜觀最新行銷競爭環境的變化，影響著企業界的經營發展與市場行銷甚鉅。茲列示十八項行銷環境的顯著變化，包括：

1. 內需市場規模受到侷限。
2. 企業營收成長不易，低成長已成為常態。
3. 微利時代及低獲利。
4. 競爭者愈來愈多，分食市場。
5. 促銷活動愈來愈頻繁，口味愈來愈重，支出愈來愈重。
6. 消費者愈來愈精明，需求愈來愈多，要求愈來愈高。
7. 低價戰不斷出現。
8. 虛實通路相互競爭。
9. 消費兩極化現象日益明顯。
10. 分眾市場已成為常態。
11. 消費者忠誠度下降中。
12. 集團企業行銷資源整合趨勢大。
13. 貧富差距拉大。
14. 年輕人低薪化。
15. 通膨化，萬物漲價。
16. 利率上升。
17. 少子化、老年化。
18. 晚婚化、不婚不生化。

二、二十項行銷競爭力對策組合

在這些行銷競爭環境變化下，企業經營更加面臨嚴厲的考驗與挑戰。未來企業要在激戰中勝出，持續保持市場領導地位，並使經營績效永保長青，必須從下列二十項行銷競爭組合對策中，全面加碼、全面檢討、全面策進、全面產生競爭優勢，並超越競爭對手，如本節末的圖所示，茲簡述如下：

㈠成本力對策

由於產品價格上漲不易，價格下滑趨勢卻很明顯；為了因應價格下滑趨勢，製造業一定要力求製造成本下降，而服務業則力求進貨成本下降，以及管銷費用與人力費用的下降。企業界應該訂下成本下降的年度預算目標，並且訂下具體的推動計畫與時程表，全力推動降低成本。就行銷面而言，包括：1.冗員費用；2.交際應酬費用；3.進貨成本及4.無效益店面等，都是主要大宗的成本刪減優先項目。

㈡規模力對策

適當的規模經濟體，當然可以具有多重的競爭優勢。包括：1.生產規模；2.服務規模；3.連鎖規模；4.直營規模；5.採購進貨規模；6.多品牌規模等，均是發揮規模經濟效益的努力方向。因此，企業營運及行銷活動都必須以擴大規模為目標，才會產生競爭優勢。

例如：統一超商的6,800家便利商店、新光三越百貨公司19家分館、王品餐飲25個不同定位的多品牌經營、誠品50多家書店、屈臣氏500多家藥妝店、統一星巴克500多家咖啡店、家樂福320家連鎖量販店、全聯超市1,200家等，均充分發揮了規模經濟效益的競爭優勢。

㈢差異化、特色化對策

如何在商品同質化的趨勢下，力求創造商品的差異化、特色化及獨特銷售賣點（USP），才有競爭優勢可言。像日月潭涵碧樓休閒飯店、臺北晶華大飯店、蘋果iPhone手機、薇閣精品旅館、LV精品店、CHANEL精品店、LEXUS高級車、信義計畫區的上億豪宅、林口三井OUTLET、路易莎咖啡輔大店、寶雅忠孝店、誠品生活松菸店等，都稱得上是具有商品差異化的代表。

㈣品牌力對策

品牌是一種策略性資產價值，而全球品牌亦是通往國際市場的一張通行

證。唯有品牌才會有長遠百年的生命力，沒有品牌，就猶如人沒有臉孔一樣，只是一個不被消費者肯定的空軀體而已。因此，打造自有品牌，提升品牌知名度，邁向全球性品牌，都是國內外知名大企業努力的方向。國內廠商最近也體會到品牌力的重要性，紛紛積極投入打造品牌工程。

總之，品牌代表一種消費者的依賴、情感、認同、喜愛、甘願及忠誠。

㈤服務力對策

企業實戰中，有人歸納出最後行銷決戰點，只剩下品牌與服務這兩項可以凸顯差異化，其他都已趨向同質化及模仿化了。唯有品牌及服務品質，是不容易被輕易複製的。因此，這反映出服務品質及服務策略的重要性。服務一定要以高水準的人展現出高水準的服務品質，才能創造出服務的附加價值，也才能讓顧客親自感受到。因此，企業行銷實戰中，一定要從各方面投入資源力量，邁向全面服務品質升級不可。

國內曾舉辦過各種服務力評鑑，包括：亞都麗緻飯店、LEXUS汽車銷售與服務網、信義房屋、全家便利超商、君悅大飯店、王品牛排餐廳、家樂福量販店、玉山銀行、統一7-ELEVEN、新光三越百貨等，都是貫徹No.1服務力的優良企業代表。

㈥異業資源力對策

跨業資源結合與行銷活動結盟已是一個重要趨勢，因為很少有一個企業能夠獨自擁有顧客所想要的全部東西。因此，擴大各種異業的合作，已是重要行銷策略。

例如：VISA卡、台新卡、中信銀卡、國泰世華卡、富邦卡等信用卡，均紛紛與各種零售連鎖業、各大食、衣、住、行、育、樂服務業合作，即是一個明顯例子。

此外，各零售流通業在週年慶或各種促銷活動時，經常與供應廠商及各信用卡銀行等充分協調配合，提供各種折扣優惠、刷卡免息分期付款、刷卡禮、抽獎活動等，亦是異業資源結盟合作的案例。

另外，信用卡業者紛紛搶食各大連鎖店面的「聯名卡」發行權，亦屬一例。

㈦通路力對策

通路為主的時代已經來臨，統一企業集團成功發展出6,800家統一7-ELEVEN商品通路，成就食品與流通事業王國地位。通路最新的發展策略有以下幾項：第一，虛擬與實體通路並進發展。實體通路業者跨向虛擬發展，虛

擬業者亦跨向實體通路發展，此即O2O或OMO虛實融合發展趨勢。第二，通路的多元化發展。換言之，只要有利於消費者購物的便利性，都必須廣布多元通路。例如：商品除了上架在百貨公司、量販店、超市、便利商店、專賣店、經銷店、加盟店、直營店、傳統商店外，尚有網路購物、電視購物、型錄郵購、超商預購，以及人員面對面銷售等多角化通路結構發展。第三，通路組織戰力的提升。廠商的銷售管道，當然不會完全仰賴自己的直營通路，它必然仍需藉助外部的代理商、經銷商、零售商、批發商等。因此，如何有效透過各種支援行動與管理機制，以提升這些通路商組織與人員的行銷戰力，將是很重要的事。

㈧促銷力對策

促銷活動是在不景氣時代中，刺激買氣的必要措施。消費者也很精明的等待各種促銷活動時，才展開大量的購買行動。因此，促銷活動的持續性、速度性、大手筆的投入，以及安排大小促銷活動的波浪型促銷，亦是在規劃中要做到的。週年慶、年中慶、母親節、父親節、情人節、尾牙、會員招待會、忘年感恩會、中秋節、端午節、玩偶贈送、冬季購物節、夏季購物節、秋季購物節、名牌降價等各式各樣的促銷方式，幾乎每月都會安排。

促銷的確是有效刺激買氣與集客的行銷工具，它包括了全面折扣價、特惠價、滿千送百、刷卡禮、加購價、大抽獎、滿額禮、買一送一、免息分期付款、紅利積點、免費運送等做法。

㈨創新力對策

創新力應將重點放在產品的持續性改善，以及新商品上市的創新上。商品力是一切的根本，好的商品並不太需要投入無限的廣宣費用，因為口碑傳播效果會散布出去，好產品終究不會寂寞的。例如：蘋果iPhone手機、名牌精品的新款式、超薄型筆記型電腦、液晶薄型電視機、5G手機、咖啡連鎖、藥妝連鎖、好萊塢電影、《哈利波特》、《納尼亞傳奇》等，都是創新成功的典範。唯有不斷的在產品及服務上力行創新與改善，才會滿足消費者的需求與喜新厭舊的習性，也才能領先競爭對手一步。

㈩CRM力對策

在短兵相接的行銷環境，亟須搶顧客以及與顧客建立良好關係，此時的顧客管理策略及顧客會員經營、顧客分級對待等，就是行銷的重點之一。CRM就是希望能夠區別出來，哪些是對公司貢獻重大的超優良顧客、一般顧客及不

太重要的顧客，並且採取各種行銷做法，來鞏固及擴大更多的優良顧客。甚至開發出新顧客群，以及避免既有顧客流失。很多公司都成立會員經營部、客服中心、顧客滿意部等組織，並全面推動會員卡及聯名卡等措施；然後從中搜集顧客基本資料及消費資料，以建立資料倉儲（data warehouse），然後展開資料探勘（data mining），希望促進有效的各種行銷計畫，擴大行銷戰果。

㈡IMC力對策

產品要打造品牌，要創造高知名度，要導引消費者購買，其中，有效的施展整合行銷傳播溝通作業就成為重要之事。

過去的傳播溝通，比較花費在電視與報紙的傳統呈現方式，如廣告片或廣告稿而已。但如今由於消費者閱讀訊息來源的多元化，以及分眾消費者對不同媒介的偏愛，加上各式各樣新媒體不斷出現，亦使得傳播溝通不能再走單一大眾媒體了。因此，整合行銷傳播係透過一個行銷操作的「套裝」方式，施展出更大的消費者滲透度。這些套裝內容，包括電視廣告、網路廣告、電視新聞置入、電影情節置入、舉辦事件活動、發展良好媒體公關稿、有力促銷活動搭配、網路專案活動規劃、考慮適當代言人、戶外大型包牆看板廣告、零售賣場的POP宣傳廣告牌、公關記者會、引發話題行銷、媒體專題報導、國內外各種榮耀競賽得獎訊息宣傳等之組合，都是IMC的總體力量。

㈢集團延伸力對策

從經營策略角度看行銷，應該具備策略行銷的眼光才行。換言之，單一事業體的行銷，長遠看是比不上擴大延伸及多元事業體的行銷戰力。因此，像金控集團的多元事業交叉行銷、統一流通次集團的多元行銷、王品餐飲集團十四個品牌事業的行銷、東森電視購物／網路購物／型錄購物多元事業行銷、P&G日用品線／化妝美容線／紙尿褲線等多元專業行銷等，都是集團化、多元化產品線的行銷戰力呈現。

㈢業務銷售力對策

很多服務業仍然仰賴人員面對面的銷售。例如：人壽保險、基金理財、轎車銷售、電腦銷售、化妝品專櫃銷售、名牌精品銷售、房屋銷售、度假村／飯店會員卡銷售以及直銷／傳銷商品銷售等，人員銷售力扮演了重要的媒介角色。然而有業務組織並不代表就是有業務戰力，因此，如何透過銷售人力素質提升、經驗傳承、教育訓練、業務領導、績效獎勵、人力配置、士氣提升、銷售工具支援等措施，建立一支銷售力強大的組織，是行銷作業上的重點

所在。因此，唯有銷售，才能使企業活下去。例如：國泰人壽30,000人銷售團隊、東森電視購物1,000人客服中心業務團隊、豐田汽車LEXUS高級車經銷商專賣店、數百名SK-II美容專櫃銷售小姐、如新與雅芳的直銷團隊等，都是強勁有力的案例。

(齿)消費者洞察力對策

在顧客導向及顧客滿意經營的行銷基礎中，對消費者未來需求及變化的洞察（consumer insight），會深深影響到公司在S-T-P架構、行銷4P或8P/1S後續作為的正確性及有效性。

例如：應該開發什麼新產品？應該以什麼價位上市？應該做哪些促銷活動？應該提供哪些專業服務？應該選擇哪個代言人？應該做什麼樣廣告？應該走哪些行銷通路？這些都必須深入洞察到消費者內心的想法，及心理與物質上的需求滿足。因此，企業行銷部門必須進行持續性的消費者心理及購買行為之研究及洞察發現。

(圭)員工滿意對策

唯有員工滿意，才會有長期不變的強有力組織戰力。如果員工不滿意，組織文化就會發生問題，組織體系也會動盪不安。好的員工與能幹的員工有可能會被挖角，組織素質形成不良循環，最後組織戰力就會沉淪下去。

國內王品餐飲集團每一家店有很好的利潤中心分紅制度，店長及店員拿到的薪獎金額比別家公司好很多。因此，員工都很拚，滿意度也很高，績效自然會發揮出來。如果老闆太小氣或想法不對，將無法擴大公司營運成長。

(共)速度力對策

在激烈競爭廝殺下，速度力已成為競爭優勢來源。公司在經營、組織、管理、創新、行銷等各種營運作業上，都必須領先競爭對手一步，才可以領導市場或取得市場商機。如果速度落後別人，就會處於挨打或毫無機會的狀況。唯有速度才能創造嶄新的可能機會。因此，行銷速度力亦是競爭力的來源之一。

(七)執行力對策

有好的構想、有好的策略、有好的計畫、有好的目標，是行銷成功的一半。但剩下的另一半，則必須看執行力的貫徹性及品質性。如果行銷組織在執行貫徹與執行品質上不夠好，那麼所有的行銷企劃亦屬枉然。而執行力不

佳，亦代表著組織與人力都發生了問題。可能是人力素質問題、可能是制度問題、可能是領導與協調問題、可能是監督控制問題等。因此，如何確保一種高效率與高效能的執行力，將是行銷思考上必須認真對待的問題，以及應積極謀求徹底改善的要求。

(十八)顧客導向力對策

在不景氣及顧客愈來愈進步的時代中，更加顯示企業應該重視顧客導向的落實及深度思考。凡各種行銷活動的思考原點及主軸，都應該堅守著顧客導向，真正為顧客解決問題、真正滿足顧客需求、真正讓顧客感動叫好、真正讓顧客感到物超所值，以及讓顧客讚嘆及忠誠信賴，而這種忠誠與信賴是一輩子的影響。

(十九)全公司團隊戰力對策

行銷想要成功贏得市場占有率、贏得顧客，坦白說，並不能只靠行銷企劃或行銷業務部門而已；而是公司整體的作戰，是公司全部組織單位與人才團隊的共同合作表現。

行銷成功必須仰賴其他單位的協助。例如：R&D研發部門、商品開發部門、生產製造部門、採購部門、品質保證部門、客服中心部門、物流配送部門、資訊部門、人資部門、法務部門、財會部門等，須由諸多水平與垂直部門的共同合作完成。因此，行銷的成功，必然植基在全公司團體戰力的共同發揮。因此，領導者必須創造出團結一致的企業文化與組織機制才行。

(二十)公益力對策

最後，企業還必須重視公益行銷及社會行銷，以公益及慈善義舉，回饋這個社會，以善盡企業社會責任，才能建立優良企業聲望及信譽。

公益行銷為企業聲望加分，係為避免因財團擴大而產生負面形象的一種防火牆及緩和劑。

三、結語

企業應盡可能努力「同時」提升這二十項行銷對策組合工作。面對無情的全球化競爭時代，已沒有單項行銷功能可突出重圍及致勝。我們應該提升到一種全方位觀、整體觀及架構觀的視野，來看待前述二十項行銷對策組合，力求「同時」及「同步」做好這二十項組合，並不斷的進步及超越競爭對手。如此才能在行銷層面永續保持領先、保持第一品牌及優良的經營績效。

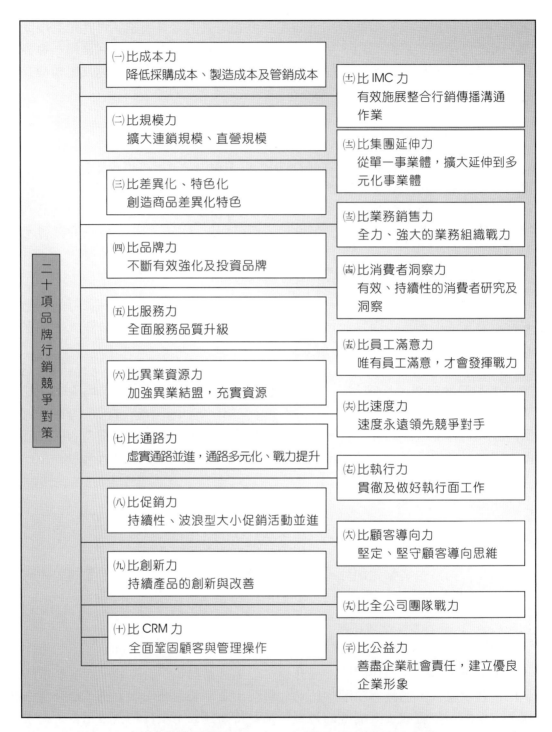

二十項品牌行銷競爭對策

（一）比成本力
降低採購成本、製造成本及管銷成本

（二）比規模力
擴大連鎖規模、直營規模

（三）比差異化、特色化
創造商品差異化特色

（四）比品牌力
不斷有效強化及投資品牌

（五）比服務力
全面服務品質升級

（六）比異業資源力
加強異業結盟，充實資源

（七）比通路力
虛實通路並進，通路多元化、戰力提升

（八）比促銷力
持續性、波浪型大小促銷活動並進

（九）比創新力
持續產品的創新與改善

（十）比 CRM 力
全面鞏固顧客與管理操作

（十一）比 IMC 力
有效施展整合行銷傳播溝通作業

（十二）比集團延伸力
從單一事業體，擴大延伸到多元化事業體

（十三）比業務銷售力
全力、強大的業務組織戰力

（十四）比消費者洞察力
有效、持續性的消費者研究及洞察

（十五）比員工滿意力
唯有員工滿意，才會發揮戰力

（十六）比速度力
速度永遠領先競爭對手

（十七）比執行力
貫徹及做好執行面工作

（十八）比顧客導向力
堅定、堅守顧客導向思維

（十九）比全公司團隊戰力

（二十）比公益力
善盡企業社會責任，建立優良企業形象

⚑ 面對激烈競爭時代下的二十項品牌行銷競爭對策

第二節　對抗不景氣的二十一個行銷策略

面對當前市場不景氣、買氣低迷及消費保守等嚴峻行銷環境下，廠商及行銷人員為對抗不景氣有哪些行銷策略可以使用，是實務界大家所共同關心的議題。茲整理各行各業目前所做的對抗不景氣之二十一個行銷策略，簡述如下：

一、降低產品成本策略

在消費低迷時代，有時候各種行銷作為都不一定能夠立即奏效。因此，面對營業收入衰退一、二成的現象，導致當月分或當年度可能虧損的必然狀況，此時，廠商根本之計，就只有朝降低產品成本及降低公司整體經營成本著手，以使虧損降到最低。

1. 若是進口商、貿易商或代理商，則應跟原廠說明事實狀況，請求原廠降低產品成本的報價（即降價），降3%或5%都好，10%最理想。
2. 若自己是製造廠，則應向上游的原物料廠商或零組件廠商請求降價。
3. 接下來，則是公司可以節省、降低的成本。包括：
   (1) 降低人事成本：遇缺不補、裁員、減薪、休無薪假等措施。
   (2) 降低管理費用：影印費、電話費、房租費、交際費、公關費、加班費、文具費、電腦資訊費、保全費、保險費、交通費、座車費等各項費用。
   (3) 降低行銷費用：廣告費、業務人員業績獎金比率調降、宣傳費等。

二、降價策略

在不景氣時期，很多廠商最直接有效的行銷策略就是降價策略。降價直接回饋給消費者，而減少廣告費及業務人員獎金比率。

採行降價策略要思考以下幾項問題：

1. 哪些品類、品項或品牌要降價？是全部或部分產品？
2. 要降多久？是長期一年以上的降價出售，或是短期幾個月的措施對策而已？
3. 要觀察競爭對手的價格策略如何？
4. 要評估降價後，最終對公司損益帶來的影響如何？降價後，營收可能上升，但毛利率下降，最後損益（即盈或虧）如何？
5. 降價策略是否配合產品成本已下降的相對措施，故有能力降價？

當然，直接且長期的降價是非常不得已的措施，這也只有在公司營收業績

明顯且連續好幾個月都在衰退時，才會使用的對策。當然，廠商如果成本降低了，價格自然也能夠配合降低，因此控制及降低成本是廠商要努力的。

三、促銷策略

促銷（Sales Promotion, SP）活動是不景氣時，廠商為提振業績經常使用的有效方法之一，像週年慶、年中慶、會員招待會、破盤4日招待、卡友招待會、特賣會、VIP會員日、春季購物節、美國商品週、大抽獎活動等。至於促銷內容項目比較常見有效的，包括：折扣價、買一送一、優惠價、免息分期付款、紅利積點回饋、大抽獎、大贈獎、集點送、刮刮樂、加價購、抵用券、滿千送百／滿萬送千等各種SP方式。

四、包裝促銷策略

在零售店面內，包裝式促銷已成為最新的流行趨勢。例如：在包裝上強調買二送一、買三送一、加量不加價、買大送小、包裝附贈品等，都在賣場上經常可見。賣場是消費者實際取拿之處，面對不是品牌的忠誠者，而是價格或贈品的追逐者時，此時店頭的包裝式促銷操作就成為很有效的方法之一。不少消費者就是因為賣場的包裝式促銷，轉而購買此類產品。

五、通路商激勵策略

這是指廠商對下游的經銷商、代理商或加盟店等通路商所採取的激勵措施，以使他們多銷售本公司的產品。對中間通路商所採取的激勵措施，廠商經常推出競賽辦法，在此辦法中給予一些特別的優惠，例如：現金折扣、數量折扣、免費招待出國旅遊、各種補助費等給通路商的實質利益。

六、推出低價（平價）產品策略

廠商推出低價產品線是經常可見的行銷策略，例如：手機、液晶電視機、西式速食漢堡等，都可見到低價產品線的影子。在不景氣時代，「低價唯利」、「低價當道」、「低價才能多銷」已成為金科玉律，而且這不影響廠商原有之較高價的產品線。因為低價有低價的目標區隔市場，兩者並不衝突。

低價雖然毛利率低、獲利也低，但如能迎合市場需求，以及不打擊到高價產品市場，即值得推出。

七、開發新產品線進入多角化新市場

面對已經飽和及不再成長的既有產品市場，廠商即使花再多的心力，也不易有成長的空間，此時，廠商應轉向新產品線的開發。例如：有些化妝保養品公司，即轉向洗髮精、沐浴乳與美容健康飲品等新產品線發展，以進入多角化新市場，追尋成長的新動能。燕麥廠商轉向開發燕麥飲新產品，也是一種成長策略。

八、加強異業結盟行銷活動

例如：統一超商的思樂冰與《變形金剛》電影合作行銷，促使思樂冰的銷售量增加二成。再如早期的Hello Kitty玩偶與統一超商舉辦促銷活動、CITY CAFE與柏靈頓熊玩偶的合作，都有不錯的成果。

透過異業結盟，可發揮1+1>2的綜效成果，故只要結盟對象具有話題性、吸引力及新聞性，就會發揮集客的行銷效果。

九、會員卡紅利積點折現策略

比較知名的遠東集團HAPPYGO卡、家樂福好康卡、全聯福利中心福利卡、屈臣氏寵 i 卡、誠品書店會員卡、星巴克隨行卡、統一超商icash卡、燦坤3C卡等均屬之。紅利積點可以折現或兌換贈品的誘因，使消費者養成更高的忠誠度及習慣性使用。在不景氣時代，會員卡及行動APP會員的操作，即是鞏固消費者忠誠與習慣再購的重要工具之一，也是有效的行銷策略。

當然，對發卡公司而言，如何加速辦卡「總人數」及提升「活卡率」，亦是行銷的努力重點所在。

十、深耕市場策略（拓展更多的分眾區隔市場）

例如：白蘭氏雞精的高市占率，主要是該公司成功的從老年人雞精市場，延伸拓展到白領上班族市場、學生市場及孩童市場，如此深耕市場，掌握雞精更多的分眾區隔市場，鞏固了高市占率。

因此，當廠商面對既有市場漸趨飽和時，必須轉向另一個分眾市場進攻，即可增加新的營收及業績來源。當然，市場深耕活動必須配合另一套整合行銷活動的操作，例如：全新的slogan、新的代言人、新的廣告宣傳、新的公關活動、新的品牌名稱、新的包裝、新的產品內容成分等之配合，才易於成功拓展新分眾市場。

十一、轉向拓展海外市場策略

臺灣國內只有2,300萬人口市場，比起中國大陸的14億、美國的3億、日本的1.2億、韓國的5,000萬、印度的14億等人口市場，仍是很小規模的內需市場。因此，有些行業及廠商必然轉向海外市場或國際市場，開闢新成長的契機來源。

只是海外市場也不是很容易做的，有些可以只靠出口貿易，有些則必須赴當地做生產及銷售的工作，在人力派遣、時間花費、資金準備上，這些都是新的任務及挑戰。不過，這也是必然要走的一條路，像國內統一企業、統一超商、味全、85度C、星巴克、旺旺、王品等，都已在中國市場登陸。

十二、關掉虧錢門市店策略

不景氣環境將使企業經營更加嚴苛，對擁有直營門市店的公司而言，必然要壯士斷腕，對於長期不賺錢的門市店，成為公司的沉重包袱時，一定要勇於關掉這些門市店，務使每個店都能符合賺錢的經營效益。寧願公司「小而美」，也不要「大而無當」，這是門市店重質而不重量的政策貫徹。

十三、不斷推出物超所值新產品策略

既有產品有時會面臨品牌老化或產品老化的時刻，也會面臨消費者喜新厭舊的淘汰，甚至競爭品牌超越自己。因此，廠商每年度應保持固定幾項新產品的上市推出，以維持本公司產品組合陣容的競爭力，同時滿足消費者的需求及市場需求。

不過，新產品上市也不是一定會成功，失敗下架者多的是。因此，新產品上市要成功，應要注意以下幾點：

1. 是否真的物超所值？
2. 是否做過嚴謹的市調步驟？
3. 是否具有差異化特色？
4. 是否有廣告量的支撐？
5. 是否兼具品質及評價？
6. 是否能滿足顧客需求？

十四、廣告投入不刪減策略

不景氣時，廣告經常被首先刪減。當然，對部分廠商而言，不景氣時，廣

告投入的效益可能是不佳的，或是投入也不會使業績回升。因此，廠商寧願使用直接降價回饋的方式取代廣告投入。不過，對於部分廠商而言，其產品型態及廣告創意表現方式，以及有新產品上市搭配時，若有適當的廣告宣傳費投入，將會把這支新產品打紅，為公司帶來新增業績的收入。因此，這是要看如何有效操作的問題，而不是一律刪除。另外，維持一定的廣告量，也是為了維持品牌形象與品牌市場地位的作用。如果廣告量刪減太大，反而會造成反效果，使其他品牌追趕上來，造成更嚴重的後果。

十五、加強店頭行銷活動策略

有人說，不景氣時代的決戰點在零售場所。很多的廣告招牌、試吃、海報陳列方式等，都移到店頭。因此，「店頭行銷」或「店頭力」更被廠商看中。每家廠商都盡可能地在零售賣場有更吸引人目光的活動，包括試吃、試喝、啦啦隊、陳列專區、代言人出現在賣場、宣傳海報、宣傳電視、包裝促銷等各式各樣的活潑呈現。事實也證明店頭行銷力的提升，對業績的提升或至少維繫不降，是有一定效果的。

十六、有效運用代言人策略

愈不景氣時，如果廣告減量、行銷費用支出減少，代言人操作也取消，其實反而對業績帶來更負面的影響。有些行業及產品類型，仍然適合代言人的操作策略。例如：Panasonic用藝人柯佳嬿做代言人，並且搭配好的slogan及完整的整合行銷傳播操作呈現，在不景氣時的業績，反而逆勢成長。因此，在不景氣時，若能有效選擇及規劃代言人，配合整合行銷傳播的操作策略與呈現計畫，則對業績提升必有助益。

十七、提升銷售組織與銷售人員戰鬥力策略

例如：汽車業、保險業、專櫃產品銷售業、直銷業、直營門市店（服飾等）等各行業，他們在人員銷售組織戰力的呈現上，對銷售業績的表現也有絕對的影響力；在不景氣時代，更是考驗這群第一線的銷售尖兵。因此，在人員甄選、人員培訓、人員汰弱扶強、人員獎金制度、人員銷售技巧、人員服務與待客等策略上，要有更新的變革與調整，人員的業績戰鬥力才可能提升。

十八、零售商發展低價的自有品牌產品策略

不景氣時代，更是零售商發展自有品牌（Private Brand, PB）的最佳時機。例如：全聯超市、家樂福、統一超商、屈臣氏、愛買、大潤發、全家等，均積極發展「低價」的自有品牌產品，成果慢慢浮現，業績占比逐步提升。主要是低價訴求滿足了市場與顧客的需求，故能形成一股趨勢。

十九、守住主力明星產品，犧牲周邊產品策略

公司一定會有主力明星產品及非明星產品，在不景氣時期，公司政策上一定要以主力明星產品為對象，支持其所需人力、物力、財力及廣告力，期使這部分不要受到太大的影響，如此公司的獲利就不怕下降太多。因此，一定要區別對待，集中力量與資源，以支撐公司的主力明星產品，讓它們能賣得更好。

二十、加強媒體公關報導，維繫領導品牌市場地位策略

不景氣時期雖然廣告量會少一些，但媒體公關的報導仍然不能少，要有一定的版面及露出。這些正面的露出，對維繫本公司的領導品牌地位與市場占有率是很重要的。如果減少廣告量，再加上媒體公關報導減少，則將危及整個品牌的力道，最後就會影響到業績。

二十一、強化與大型連鎖零售商的促銷活動策略

大型連鎖零售商已占商品銷售業績愈來愈大的比重，其重要性日益上升。因此，必須強化與他們在促銷活動上的密切友好推動及計劃；很多大型品牌廠商都已積極與大型連鎖零售商做好年度促銷活動的計畫工作。

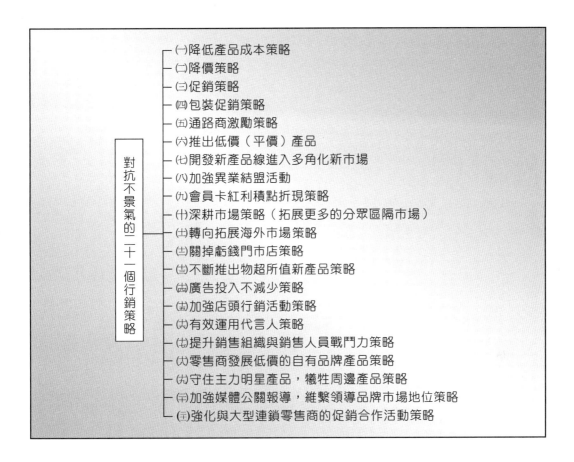

（一）降低產品成本策略
（二）降價策略
（三）促銷策略
（四）包裝促銷策略
（五）通路商激勵策略
（六）推出低價（平價）產品
（七）開發新產品線進入多角化新市場
（八）加強異業結盟活動
（九）會員卡紅利積點折現策略
（十）深耕市場策略（拓展更多的分眾區隔市場）
（十一）轉向拓展海外市場策略
（十二）關掉虧錢門市店策略
（十三）不斷推出物超所值新產品策略
（十四）廣告投入不減少策略
（十五）加強店頭行銷活動策略
（十六）有效運用代言人策略
（十七）提升銷售組織與銷售人員戰鬥力策略
（十八）零售商發展低價的自有品牌產品策略
（十九）守住主力明星產品，犧牲周邊產品策略
（二十）加強媒體公關報導，維繫領導品牌市場地位策略
（二十一）強化與大型連鎖零售商的促銷合作活動策略

對抗不景氣的二十一個行銷策略

本章習題

1. 試圖示當今行銷競爭環境變化的十八項因素為何？
2. 試圖示廠商提升整體行銷競爭力的二十項對策組合為何？
3. 試圖示廠商對抗不景氣的二十一個行銷策略為何？

Part 3
品牌管理

第9章　品牌管理、品牌經營與品牌創新

第一節　品牌經營管理的框架與目標

一、品牌經營的三大內涵

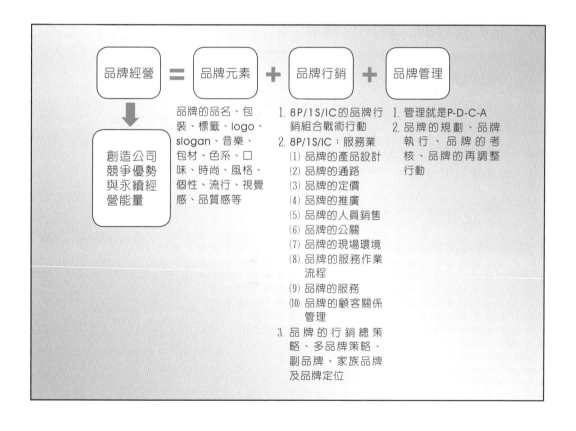

品牌經營 ＝ 品牌元素 ＋ 品牌行銷 ＋ 品牌管理

品牌經營 → 創造公司競爭優勢與永續經營能量

品牌元素：
品牌的品名、包裝、標籤、logo、slogan、音樂、包材、色系、口味、時尚、風格、個性、流行、視覺感、品質感等

品牌行銷：
1. 8P/1S/IC的品牌行銷組合戰術行動
2. 8P/1S/IC：服務業
   (1) 品牌的產品設計
   (2) 品牌的通路
   (3) 品牌的定價
   (4) 品牌的推廣
   (5) 品牌的人員銷售
   (6) 品牌的公關
   (7) 品牌的現場環境
   (8) 品牌的服務作業流程
   (9) 品牌的服務
   (10) 品牌的顧客關係管理
3. 品牌的行銷總策略、多品牌策略、副品牌、家族品牌及品牌定位

品牌管理：
1. 管理就是P-D-C-A
2. 品牌的規劃、品牌執行、品牌的考核、品牌的再調整行動

二、品牌管理的根本信念

對品牌信譽與品質的堅持。

三、品牌管理「管什麼」

品牌管理（brand management）的六大內容：
1.品牌所呈現的「一致性」（consistency）。
2.品牌「健康度」（好感度、知名度、忠誠度）（brand audit）。
3.品牌整體「滿意度」（brand satisfaction）。
4.全體員工的品牌「企業文化」。
5.品牌「市占率」排名（market share）。
6.品牌的業績、獲利及價值表現。

四、品牌管理的「終極目標」

㈠從消費者端

1.高滿意度。
2.高好感度。
3.高忠誠度。
4.高聯想度。

㈡從企業端

1.高一致性。
2.高度企業文化。
3.高市占率。
4.高業績、高獲利。
5.高品牌價值（品牌資產價值）。

五、「品牌管理」七要件

1.專責（負責）單位與專責人員。
2.全員參與。
3.品牌企業文化形成。
4.建立做品牌的制度、規章、辦法、流程。

5. 定期品牌稽核與健檢。
6. 設定品牌管理的具體目標與KPI指標。
7. 定期舉行品牌管理年度檢討會議。

六、優良品牌整體滿意度：90% 以上

優良品牌顧客滿意度→滿意度至少90%以上。

七、全體員工品牌「企業文化」是什麼？

1. 先洗腦：灌輸做品牌的意識、思想與文化。
2. 員工言行須符合做品牌的準則與要求。
3. 建立做品牌的規章、制度、辦法與查核點。
4. 達成員工做品牌為光榮任務與使命。
5. 成功打造全員品牌企業文化。

八、成功建立品牌要注意一致性

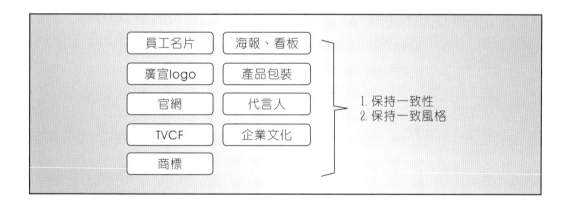

九、品牌稽核／品牌健檢（Brand audit）

1. 品牌「知名度」上升或滑落。
2. 品牌「聯想度」增加或減弱。
3. 品牌「好感度」上升或滑落。
4. 品牌「忠誠度」上升或滑落。
5. 品牌「滿意度」上升或滑落。

6.品牌「購買度」增加或減弱。

十、品牌健檢的五種方法

1.定期（每年）一次委外市調結果。
2.參考外部次級資料（專業機構、雜誌）。
3.業務（營業）第一線人員感覺與經驗資料結果。
4.內部客服中心的電話市調結果。
5.通路商（經銷商、零售商、代理商）反映回來的意見結果。

十一、品牌稽核後之對策的五步驟

1.品牌稽核調查研究進行→Go。
2.品牌健康度有下滑現象及主要問題點所在→What。
3.探討下滑原因→Why。
4.提出改善對策方案→How。
5.執行後再觀察是否已有改善→Check。

十二、長期性做好品牌經營管理的六個全方位構面及內涵

㈠產品

1.差異化。
2.特色化。
3.獨特銷售賣點（USP）。
4.物超所值。
5.價值感。
6.尊榮感。
7.滿足物質與心理需求。

以上七項包括內容：⑴品名；⑵logo（商標／標誌）；⑶設計；⑷包裝；⑸包材；⑹標籤（label）；⑺品質／耐用；⑻功能；⑼利益；⑽口味；⑾配合；⑿工藝水準。

㈡通路

1.通路的策略及政策是什麼？
2.通路的選擇。

3. 通路的普及。
4. 通路人員教育訓練。
5. 旗艦店號召。
6. 專櫃店質感。
7. 專賣質感。
8. 賣場專賣區設計。

㈢顧客

1. 對消費者（目標市場）的分析與洞察。
2. 對消費者購買行為的了解。
3. 對品牌的知名度／了解度／好感度／忠誠度／聯想度／價值度。
4. 解決他們的困擾或問題。

㈣形象與聲譽

1. 公司整體經營績效好不好？
2. 公司治理情況好不好？
3. 公司股價好不好？
4. 媒體記者的評價好不好？
5. 專業投資機構評價好不好？
6. 企業社會責任善盡情況好不好？
7. 各種比賽／競賽／評鑑得獎狀況好不好？
8. 過去以來企業形象與品牌形象好不好？
9. 負責人形象好不好？

㈤廣宣

1. 廣告宣傳做得好不好？
2. 媒體報導宣傳做得好不好？
3. 公關活動做得好不好？
4. 置入行銷做得好不好？
5. 運動行銷做得好不好？
6. 公益行銷做得好不好？
7. 事件行銷做得好不好？
8. 話題行銷做得好不好？
9. 網路／數位行銷做得好不好？

㈥視覺

1. 圖像感覺。
2. 色彩感覺。
3. logo感覺。
4. 設計風格感覺。
5. 設計意象感覺。
6. 時尚感。
7. 珍藏感。
8. 價值感。

第二節　品牌管理的內涵、組織與目標

一、品牌管理的意義

㈠管理的定義

管理一詞，根據史提芬・羅賓斯（Stephen P. Robbins）所著之《管理學》（*Management*），其對管理的解釋是：「指一種透過他人有效完成活動的過程（process）」，過程乃是管理者之功能或所從事的主要活動。功能常被標明爲計畫、組織、領導及控管。」

1. 計畫（plan）
決定要做什麼及如何做。計畫功能包含預測功能、目標功能、時程功能、預算功能、制定政策功能、制定工作程序功能。

2. 組織（organization）
以組織目標及任務安排資源的運用，組織功能包含組織用人、人力配置、組織分工、組織結構、資源配置及授權等。

3. 領導（leadership）
一種發揮安定人心的潛力，領導功能包含人際關係、決策、溝通、激勵、甄選、人力開發、制定作業標準、領導人才團隊及發揮團隊能力，達成企業使命目標。

4. 控管（control）

促使工作的結果符合預定控管項目，控管功能包含衡量指標、評估績效、糾正改善、改革創新、問題發現、分析及有效解決。

㈡「管理」的另一種簡單定義（P-D-C-A循環）

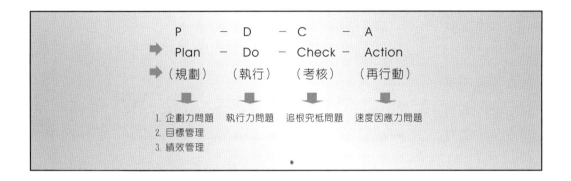

二、品牌行銷的實踐管理：P-D-C-A

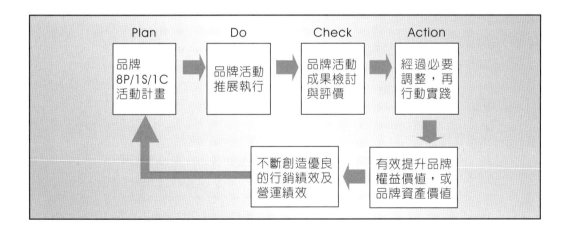

三、品牌管理 ＝ 產品管理 ＋ 市場（行銷）管理

（技術、研發、製造）　　　　（STP＋4P＋1S）

產品力　　　　　　　　　行銷力

四、全員品牌行銷與管理（total brand management）

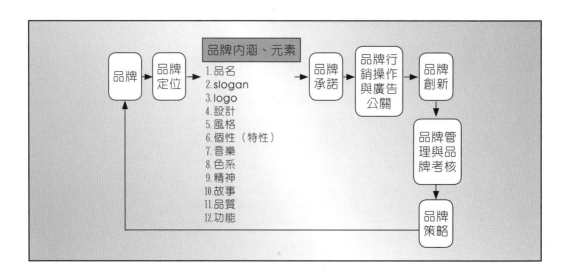

五、公司全體部門與人員必須共同負擔品牌責任

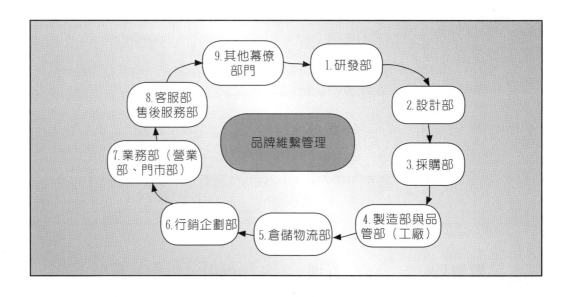

六、品牌稽核、監測（brand audit）

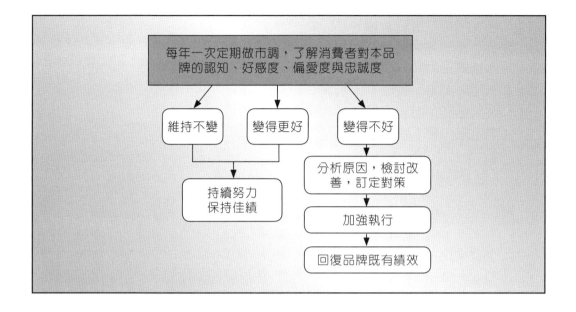

七、對維護優良品牌「管理」的六大重點對象

1. 管理「第一線人員」的品質水準，包括：⑴專櫃人員；⑵門市店人員；⑶加盟店人員。
2. 管理產品「高品質」水準（工廠品管水準、採購品管水準）。
3. 管理客服中心、售後服務中心的人員品質水準。
4. 管理定價與產品、性價比之「物超所值感」。
5. 管理所有行銷企劃部「行銷操作活動」的正確性與精確性。
6. 管理所有部門「創新」水準的表現。

八、品牌管理的對象

品牌管理的對象包括：1.管人；2.管品質；3.管服務；4.管活動；5.管創新；6.管顧客滿意度。

九、「品牌經營」最重要部門

品牌經營六大成功部門：
1. 研發部：技術創新領先。
2. 設計部：時尚流行設計領先。
3. 行企部：品牌包裝、廣宣、公關、代言人等行銷活動操作成功。
4. 業務部：第一線業務人員銷售推廣成功。
5. 客服中心：服務水準高、頂級服務。
6. 製造部：製造高品質產品能力高。

十、「品牌經營」成功的五大宏觀面因素

優良品牌的建立條件，包括：
1. 人。
2. 企業文化。
3. 制度（機制）。
4. 領導人的決心。
5. 公司理念、信念、熱情。
註1：人的素質、水準與能力。
註2：建立品牌的組織文化、企業文化。

十一、品牌管理的目標

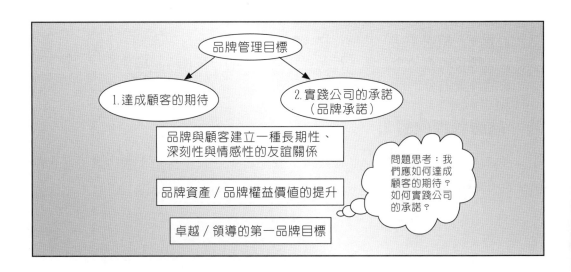

十二、品牌管理策略內容及策略目的示意圖

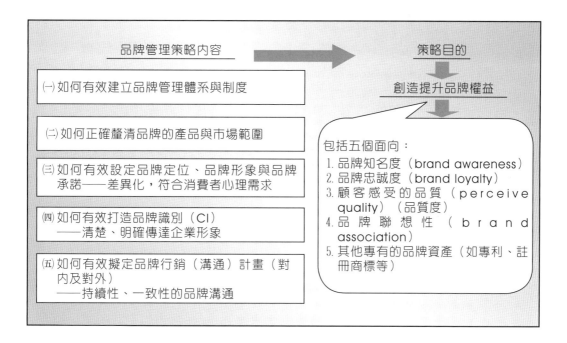

品牌管理策略內容 ➡ 策略目的

創造提升品牌權益

㈠ 如何有效建立品牌管理體系與制度

㈡ 如何正確釐清品牌的產品與市場範圍

㈢ 如何有效設定品牌定位、品牌形象與品牌承諾——差異化，符合消費者心理需求

㈣ 如何有效打造品牌識別（CI）——清楚、明確傳達企業形象

㈤ 如何有效擬定品牌行銷（溝通）計畫（對內及對外）——持續性、一致性的品牌溝通

包括五個面向：
1. 品牌知名度（brand awareness）
2. 品牌忠誠度（brand loyalty）
3. 顧客感受的品質（perceive quality）（品質度）
4. 品牌聯想性（brand association）
5. 其他專有的品牌資產（如專利、註冊商標等）

十三、品牌管理組織的重要性

實務上，常見專案組織的名稱（以日本大企業為例）如下：

1. 品牌推動委員會。
2. 品牌戰略室。
3. 品牌企劃室。
4. 品牌管理室。
5. 品牌推進室。
6. CI委員會。
7. 品牌戰略會議。

十四、品牌管理的任務——帶動企業品牌的價值提升

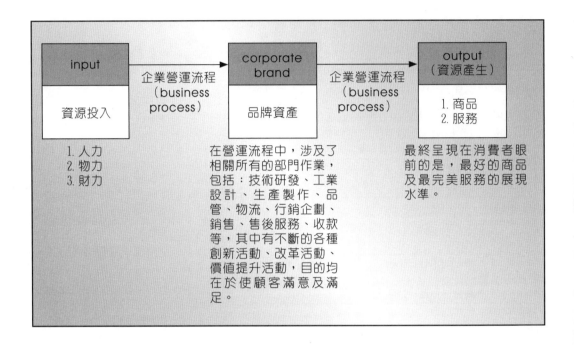

十五、從「顧客觀點」與「顧客接點（contact point）」來努力提升企業品牌價值

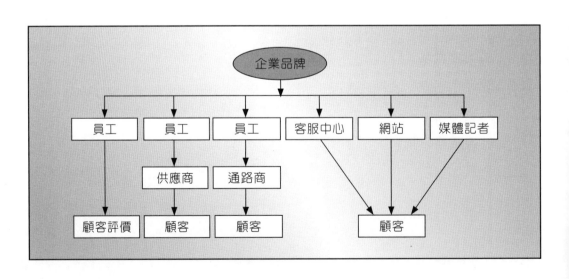

1. 顧客接點：顧客接收到服務點、銷售點、零售陳列點、直營店面點、加盟店面點、享用點、詢問點等，各種接觸點的感受如何？
2. 顧客觀點：顧客在想些什麼？顧客需要些什麼？顧客受什麼觀念影響？

問題思考

如果你是電視購物、網路購物、百貨公司、量販店、資訊家電連鎖店、速食店、餐飲連鎖店、咖啡連鎖店、汽車銷售公司、美妝連鎖店等公司的行銷企劃人員，請你以「顧客觀點」及「顧客接點」為思考起點，試著提出相關企劃案，力求不斷改善這二個主軸方向的作業及人員，以有效累積本公司的品牌形象、品牌口碑及品牌權益價值，你該如何做呢？

十六、應從外部投資者觀點，來努力提升企業品牌價值

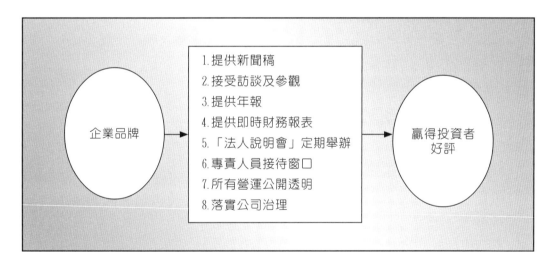

問題思考

1. 為什麼企業要做這些行動？為什麼高科技公司做得比較好？
2. 為什麼有些公司做得比較好？公司在組織方面要如何做？

十七、品牌管理的組織設計

1. 單獨成立品牌部（品牌行銷部或品牌管理部）。
2. 隸屬在某個事業部門下轄的專責單位。
   例如：統一企業乳品飲品事業部下轄的茶裏王品牌經理、純喫茶品牌經理、麥香紅茶品牌經理、瑞穗鮮奶品牌經理。
3. 隸屬在經營企劃部門。
4. 隸屬在公關宣傳部門。
5. 成立跨部門小組（cross functional，或稱矩陣式組織）。
   例如：品牌發展委員會、品牌促進專案小組（project team）等。

十八、大衛・艾格（David A. Aaker）教授：品牌經營與品牌管理制度的三大轉變

㈠由事務性轉為策略管理

品牌經理應具備「策略性」與「前瞻性」眼光，不只是從事日常事務性工作。他必須參與企業政策與品牌策略的制定，這種轉變反映在三點上：
1. 品牌職位的上升（邁向CEO執行長之路）。
2. 從注重品牌形象建立，轉到品牌資產的扎根。
3. 從注意短期品牌的銷售與獲利目標，轉向品牌資產價值的衡量及提升，是一種對品牌認同、品牌忠誠的長期累積。

㈡由狹窄轉為寬廣

1. 從負責一個品牌、一個市場，轉向多項產品及市場範圍的擴大、延伸。
2. 注重品牌類別（品牌群）的管理。
3. 從單國視野到全球化視野，打造全球性品牌。
4. 從單一廣告到整合行銷傳播（包括廣告、促銷、贊助、網路、公關、事件行銷、置入行銷）。

㈢由注重「銷售」轉為「品牌」認同

品牌經理應負責對顧客、競爭者及企業政策有全盤了解。
1. 在顧客方面，要了解目標消費者是誰？如何區隔市場？顧客的購買動機和行為如何？

2. 在競爭者方面，要了解主要競爭者是誰？競爭者行銷策略為何？如何和競爭者有所差異化？
3. 在企業政策方面，要了解企業對消費者的承諾為何？如何透過品牌行銷來達成企業承諾和建立聲譽？必須認清顧客對企業品牌的認同，是企業能夠維持長期優勢的基石。

㈣結語

1. 由執行面→轉為策略面。
2. 由單一品牌→轉為多品牌、品類管理。
3. 由單一市場→轉為多樣市場、全球市場。
4. 由追求短期績效→轉為長期品牌競爭優勢的建立。
5. 由中階經理人→轉為高階行銷主管，甚或CEO執行長人選。

十九、品牌管理部門的四大工作方向

1. 品牌策略的分析、評估及建議。
2. 品牌行銷計畫的具體研訂及推動。
3. 品牌績效成果的考核追蹤。
4. 品牌策略的再調整與改變。

二十、品牌管理所涉及的組織單位

1. 研發部（R&D）。
2. 設計部（工業設計）。
3. 採購部（原物料／零組件）。
4. 製造部（製程）。
5. 品管部（QC）。
6. 行銷企劃部。
7. 銷售業務部。
8. 會員經營部。
9. 客服中心（call center）。
10. 維修部。

二十一、品牌經理的工作任務

品牌經理（brand manager）的工作任務內容，包括：

　1. 品牌行銷策略（brand strategy plan）。
　2. 商品計畫（product plan）。
　3. 定價計畫（pricing plan）。
　4. 通路與銷售計畫（channel & sales plan）。
　5. 廣告計畫（advertising plan）。
　6. 促銷計畫（promotion plan）。
　7. 公關計畫（PR plan）。

二十二、自創品牌是從「策略」到「組織」的全面挑戰

　　臺商自創品牌的成功條件：
　1. 產品的創新程度及品質水準，因爲品牌只是傳達產品「價值」的載具而已。（思考商品力，乃是品牌成功的根本條件。）
　2. 品牌是長期投資及維繫，無論技術創新或設計創意，都必須源源不絕。因此，(1)資金投入；(2)規模擴大；(3)形成差異化的創新能力組織，亦爲重點。（思考本公司是否具有這些能力及條件？）
　3. 對通路與顧客的服務、保證等工作亦需顧及，以及與原OEM、ODM客戶關係處理。
　4. 因此，臺商自創品牌不只是行銷面的考量而已，而是全方位的因應與改變。

第三節　品牌再造、品牌再生

一、大衛・艾格：幫老品牌注入新活力的四種方式

　1. 爲老品牌加入新外觀設計、新包裝、新色彩。
　2. 爲老品牌加入新產品。
　3. 爲老品牌尋找新世代名人代言，賦予品牌新的時代意義。
　4. 爲老品牌注入新行動。（例如：大型展覽、事件活動、網站、博物館等。）

請你試著尋找一些案例，說明他們爲老品牌如何注入新活力，然後妙手回春。

二、Interbrand 品牌顧問公司副董事長 Tom Blackett：創新，才能塑造成功品牌

「在創造品牌價值中，創新是非常重要的！」Interbrand品牌顧問公司副董事長Tom Blackett指出，全球主要品牌在商業上的成功，通常源自於一個創新的概念，並且致力於不斷的創新（譬如：投入研發），才能有持續的成長及改善，可見創新與品牌之間的關係十分密切，臺灣產業當然也不能例外。唯有努力向創新挺進，才能打造世界一流的品牌。

三、品牌回春的策略方向

1. 更新老品牌，利用新的品牌識別（例如：換新的商標、slogan、logo等CI元素）。
2. 改變配方或口味，推出新配方、新口味、新商品。
3. 改變包裝方式與設計。
4. 重新定位。
5. 轉向新的潛力市場拓展。
6. 發現產品的新使用方法。
7. 加入新的品牌元素附加價值。

當貴公司品牌老化時，可以考慮這些品牌回春／年輕化的哪幾項做法？

四、品牌再生（再造）的規劃步驟

Step1：危機分析或SWOT分析。
Step2：市場洞察與市場切入點。

Step3：品牌重新定位。

Step4：產品更新配合。

Step5：鋪天蓋地整合行銷傳播執行：

1.TVCF	5.戶外行銷	9.旗艦店
2.MG	6.名人代言	10.SP（促銷）
3.RD	7.公關媒體報導	11.網路行銷
4.NP	8.異業合作	12.手機行銷。

Step6：行銷成果。

五、品牌活化的十項方法（做法）

1. 改變logo（識別體系）。
2. 改變包裝與設計。
3. 推出創新產品、新品牌。
4. 改良與升級既有產品的功能配方與品質。
5. 領導走在市場趨勢的前端。
6. 採用品牌代言人。
7. 重新定位（repositioning）。
8. 大量投入廣宣預算。
9. 強化通路據點。
10. 內部組織企業文化的革新與改變。

六、MAZDA 汽車的品牌再造翻身

Step1：危機分析

進行產業分析，了解MAZDA目前在市場上面臨缺乏品牌形象、市占率低，以及其他日系汽車（TOYOTA、NISSAN）等品牌的強大競爭危機。

Step2：市場洞察

透過市場調查與焦點團體座談等方法，發現臺灣消費者對日本文化好感度很高，並熱愛日系產品，認為是品質優良的代表。

Step3：品牌定位

1998年開始，決定用「日式人文精緻路線」作為主要品牌定位，凸顯其具有日本血統的特性，與其他國際形象的日系車品牌做出區隔。

Step4：產品更新

MAZDA產品力強，從每年不斷推陳出新的明星產品便可得知，除了車型簡約俐落外，更強調靈活的操控性，完全改變以往的卡車形象。

Step5：整合行銷傳播

整個MAZDA的行銷策略，都圍繞在以「日式人文精緻路線」為訴求，分別應用在廣告、公關、通路及產品上。

Step6：行銷成果

市占率從1998年的0.7%，一路上升到2012年的6.6%。

七、MAZDA 汽車品牌再造成功架構圖示

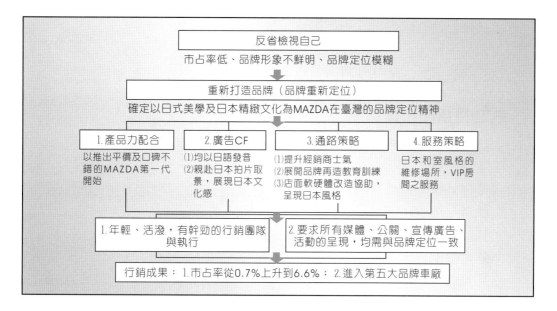

第四節　品牌創新

一、品牌「創新」典範的四家公司

㈠統一超商7-ELEVEN的持續性創新

1.關東煮；2.繳費代收；3.ATM提款機；4.icash卡；open小將；5.ibon機；6.鮮食便當；7.CITY CAFE；8.iseLect自有品牌；9.網購取貨。

股價：70元→300元。

㈡王品餐飲集團多品牌創新

二十四年創造出十四個品牌，包括：

1.王品；2.陶板屋；3.西堤；4.聚；5.夏慕尼；6.原燒；7.石二鍋；8.品田牧場；9.舒果；10.hot7；11.藝奇；12.ita；13.PUTIEN；14.CooKBEEF。

首家餐飲公司上市，上市股價300元。

㈢美國可口可樂公司一百三十餘年不倒翁

1.可口可樂經營一百三十餘年，始終位居全球第一名的品牌價值排名。
2.品牌行銷全球一百八十個國家，每天賣出一億瓶。
3.產品多元化、多品牌發展（可口可樂、Diet、Zero、芬達）、瓶身創新設計及改變、全球行銷廣告做得好。

㈣桂格食品持續創新

1.桂格穀物（大燕麥片）。
2.桂格奶粉。
3.桂格人蔘雞精。
4.桂格玫瑰四物飲。
5.桂格女性美容飲料。
6.桂格天地合補保養品。
7.桂格燕麥飲料。

二、品牌永續經營之道 —— 品牌持續性創新

㈠品牌不變，終必死亡

1.品牌一成不變→終必死亡。
2.品牌持續性創新→永保生命力。

㈡永續經營品牌創新的七個面向

1.經營模式創新。
2.產品力創新。
3.研發技術力創新。

4. 行銷廣宣力創新。
5. 服務力創新。
6. 多品牌創新。
7. 多國家創新。

㈢品牌經營模式創新的八個方向

1. 多品牌經營。
2. 多市場經營。
3. 虛實通路並進經營。
4. 跨業多元化經營。
5. 創新產品經營。
6. 創新服務經營。
7. 連鎖化經營。
8. 海外國家經營。

㈣產品力創新的十二個方向

1. 品質；2. 功能；3. 設計；4. 包裝；5. 色系；6. 成分、內容；7. 配方；8. 規格、尺寸；9. 材料、材質；10. 風格、型態、個性；11. 使用便利性；12. 完全創新產品。

㈤品牌服務力創新的九個方向

1. 服務人力素質提升。
2. 服務標準作業流程（SOP）。
3. 服務質感度提升。
4. 服務便利性加強。
5. 服務24小時無休。
6. 服務快速性。
7. 服務即時解決力。
8. 服務滿意提升調查。
9. 服務教育訓練深刻化。

㈥行銷廣宣力創新的十八個方向

1.電視廣告創新；2.代言人；3.數位行銷；4.公關報導；5.旗艦店；6.事件行銷；7.公益行銷；8.促銷活動；9.運動行銷；10.藝文贊助；11.異業合作行銷；12.店頭行銷；13.故事行銷；14.話題活動；15.口碑行銷；16.戶外廣告；17.VIP行銷；18.人員行銷。

㈦品牌研發技術力創新

支撐產品力突破、創新及領先。

㈧多品牌創新

1.單一品牌　　多品牌創新
2.單一商品　➡　多市場創新。

㈨品牌多國家創新

1.臺灣單一國家。
2.進入中國大陸市場13億人口經營。
3.開拓美國、日本、韓國、東南亞、歐洲市場經營。

三、品牌持續創新最重要的三個部門

1.研發要創新：研發部、商品開發部。
2.行銷要創新：行銷企劃部、行銷部。
3.業務要創新：業務部、營業部、事業部。

四、品牌持續創新四要素

1.訂定品牌創新目標。
2.建立品牌創新機制（制度）。
3.培育品牌創新企業文化。
4.組建品牌新人才。

五、小結：品牌創新是品牌長遠生命核心所在

有品牌創新能力，品牌才能享有長遠生命力。

第五節　品牌如何強化顧客忠誠度

　　最近美國有一項調查報導指出，美國消費者對品牌的忠誠度有下降趨勢，反而出現朝向低價商品購買之趨勢。

　　在不景氣時期，以及面對品牌忠誠度下滑的今天，廠商有哪些措施可以強化顧客的忠誠度，茲簡述如下：

一、發行會員卡或紅利積點卡

　　很多零售商或連鎖店都會發行會員卡，例如：HAPPYGO卡、家樂福的好康卡、全聯福利中心的福利卡、誠品書店的誠品卡、燦坤3C的燦坤卡、屈臣氏的寵i卡、星巴克的隨行卡等。這些會員卡都會有折扣價格優惠或紅利積點回饋，確實可以鞏固一些高忠誠度的顧客。如果活卡率高一些，回購率也就跟著提升。

二、部分產品線降價回饋

　　面對顧客流失、轉向低價品牌產品，廠商必然要採取一些應對措施，即針對部分產品線也採取降價回饋的對策，以挽留一些老顧客，這也是不得已的措施。至於降價的產品線及降價幅度，需視整個市場的景氣狀況再做深入分析。

三、定期舉辦大型促銷活動

　　廠商可以配合通路商的計畫或是由自己發動，推出大型促銷活動。這些大型促銷活動，像是會員招待會、週年慶、年中慶、特賣會以及各種節慶活動，都可以推出折扣促銷、滿千送百促銷、滿額贈、大抽獎、免息分期付款等各式各樣促銷活動。促銷活動必然可以吸引客群並提振買氣，進而吸引顧客忠誠回購。

四、推出低價新產品，有物超所值感

　　廠商對產品的降價措施，自然是不得已的做法，因為日後要再調升，恐怕也不是那麼容易。因此，廠商可以從推出另一低價品牌的新產品著手，以因應景氣低迷的時代。當然，這種低價產品的品質水準仍要顧及，要努力做到「平價，但東西仍好」，物超所值的要求。

五、改善產品，持續強化產品力

廠商應定期對產品的包裝、包材、外觀設計、成分、內容等做出具體改良、革新與改善的措施，讓顧客有耳目一新的感覺，以留住顧客的忠誠度。產品力夠好，可以留住大部分的客戶群，不至於有太大比例倒向低價品牌。

六、加強與通路商的合作及獎勵措施

通路商對廠商的銷售成績扮演重要角色，包括大型連鎖零售商或各縣市經銷商、代理商等，廠商都應該密切配合這些通路商，適時提出合作促銷案或獎勵經銷商辦法等，然後再由這些通路商發揮留住老顧客的功能。

七、強化服務的功能

精緻與美好的服務，其實是產品力的一環，顧客的忠誠度有時候也會因完美的服務與比較好的服務，而固定使用某種品牌產品。是故，對於與顧客相關的購買前、購買中及購買後之服務，都一定要有很好的標準作業規範及優秀的員工執行才行。因此，服務對顧客忠誠度有加分的效果。

八、推出全新產品

面對不景氣時期及顧客忠誠度下滑，廠商不應逃避，更應正面迎戰，想辦法推出更創新與迎合市場需求的產品。例如：蘋果電腦先推出iPod之後，又推出iPhone手機全新產品，對蘋果迷而言，更加鞏固他們的忠誠度。當然，全新產品必然要投入一段時間去規劃及研發，因此廠商要有時間的急迫感才行。

九、善用包裝式促銷方法

顧客忠誠度有時候是反映在賣場裡，因此，現在愈來愈多廠商都重視店頭的包裝式促銷方法，以買三送一、買三特惠價、買就附贈品等方式，來留住顧客的忠誠度。

十、選用適當的代言人

顧客忠誠度有時候會與優良的代言人產生連動性。例如：林志玲為OSIM代言「美腿機」、王力宏幫索尼手機代言等，都帶來不錯的銷售佳績。

十一、發行會員刊物

有些化妝品、壽險、健康食品等廠商會對他們的會員寄發刊物，透過這些會員刊物，希望鞏固更高的忠誠度與偏愛度。對部分消費者而言，此舉也會有些許效果。當然，在會員刊物裡也會對會員們有一些優惠措施。

十二、適當的廣告量投入，以維持曝光度

忠誠度下降，有可能是廣告量投入太少所引起，而被消費者遺忘。因此，即使在景氣低迷時，廠商應在適當的時間，投入適當的廣告量，以維持曝光度、形象度及忠誠度。

十三、適當的媒體公關報導，提升企業形象

企業形象、品牌形象與顧客忠誠度仍有高度相關性。好的企業形象，就能帶來更鞏固的忠誠度，因此，廠商必須透過適當的媒體公關報導，提升正面的企業形象。而適度的公益行銷活動，也是必要的支出項目之一。

十四、通路多元化，更便利買到東西

面對銷售通路的多元化，廠商應盡可能的使銷售通路更加多元化，包括網路購物、電視購物及一些新崛起的實體通路購物等，均要努力上架，使消費者能更便利的買到東西，如此，便利與忠誠度才會連結在一起。

十五、贈送與異業合作的折價券、優惠券及禮券

消費者對廠商所給予的一些優惠措施，當然都是歡迎的，尤其是家庭主婦對這些都很喜歡。因此，廠商可以爭取一些異業合作的折價券、優惠券、禮券等，贈送給經常往來的顧客、會員們，也是鞏固忠誠度的做法之一。

總結來說，面對忠誠度下滑的行銷環境，如何提供更好的品質、更多附加價值、更高的物超所值感以及更好的優惠價格給顧客，將是對行銷人員的一項強力挑戰及努力方向。

第10章 品牌行銷企劃案撰寫 完整架構九大內容項目

一、品牌行銷企劃案撰寫完整架構總圖示

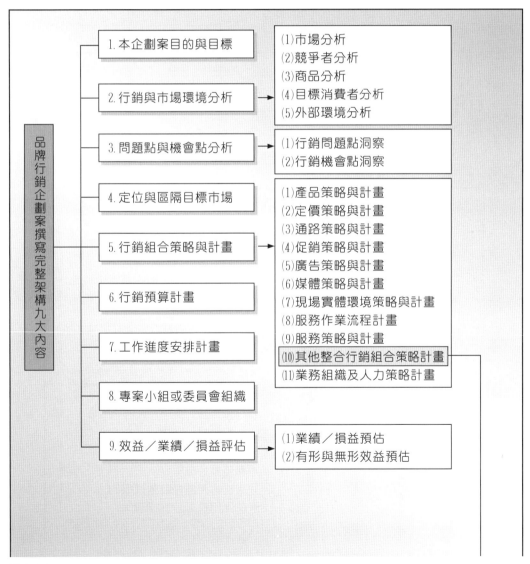

品牌行銷企劃案撰寫完整架構九大內容

1. 本企劃案目的與目標

2. 行銷與市場環境分析 →
 (1) 市場分析
 (2) 競爭者分析
 (3) 商品分析
 (4) 目標消費者分析
 (5) 外部環境分析

3. 問題點與機會點分析 →
 (1) 行銷問題點洞察
 (2) 行銷機會點洞察

4. 定位與區隔目標市場

5. 行銷組合策略與計畫 →
 (1) 產品策略與計畫
 (2) 定價策略與計畫
 (3) 通路策略與計畫
 (4) 促銷策略與計畫
 (5) 廣告策略與計畫
 (6) 媒體策略與計畫
 (7) 現場實體環境策略與計畫
 (8) 服務作業流程計畫
 (9) 服務策略與計畫
 (10) 其他整合行銷組合策略計畫
 (11) 業務組織及人力策略計畫

6. 行銷預算計畫

7. 工作進度安排計畫

8. 專案小組或委員會組織

9. 效益／業績／損益評估 →
 (1) 業績／損益預估
 (2) 有形與無形效益預估

接下頁

承上頁

二、行銷企劃目標圖示

㈠十四類可能的行銷目的／目標

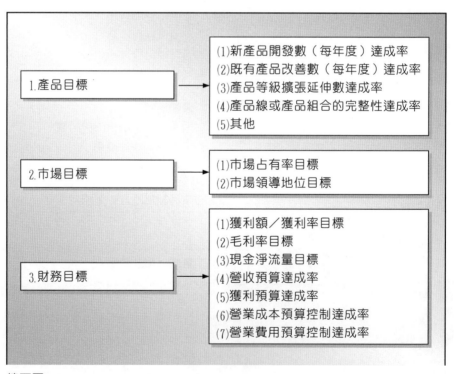

接下頁

承上頁

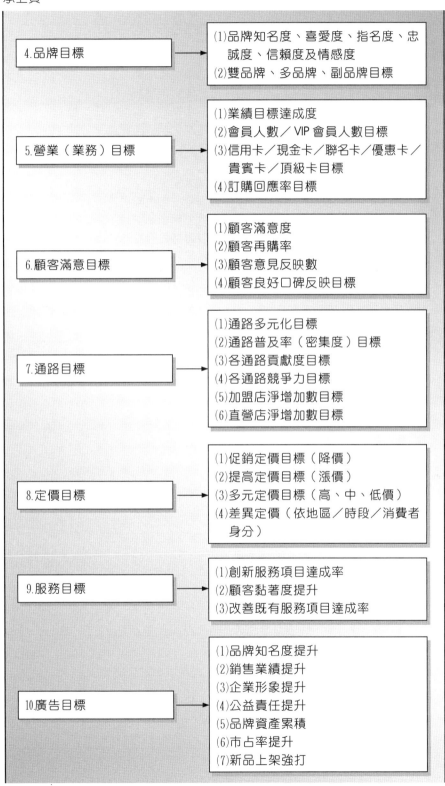

4.品牌目標	→	(1)品牌知名度、喜愛度、指名度、忠誠度、信賴度及情感度 (2)雙品牌、多品牌、副品牌目標
5.營業（業務）目標	→	(1)業績目標達成度 (2)會員人數／VIP會員人數目標 (3)信用卡／現金卡／聯名卡／優惠卡／貴賓卡／頂級卡目標 (4)訂購回應率目標
6.顧客滿意目標	→	(1)顧客滿意度 (2)顧客再購率 (3)顧客意見反映數 (4)顧客良好口碑反映目標
7.通路目標	→	(1)通路多元化目標 (2)通路普及率（密集度）目標 (3)各通路貢獻度目標 (4)各通路競爭力目標 (5)加盟店淨增加數目標 (6)直營店淨增加數目標
8.定價目標	→	(1)促銷定價目標（降價） (2)提高定價目標（漲價） (3)多元定價目標（高、中、低價） (4)差異定價（依地區／時段／消費者身分）
9.服務目標	→	(1)創新服務項目達成率 (2)顧客黏著度提升 (3)改善既有服務項目達成率
10.廣告目標	→	(1)品牌知名度提升 (2)銷售業績提升 (3)企業形象提升 (4)公益責任提升 (5)品牌資產累積 (6)市占率提升 (7)新品上架強打

接下頁

承上頁

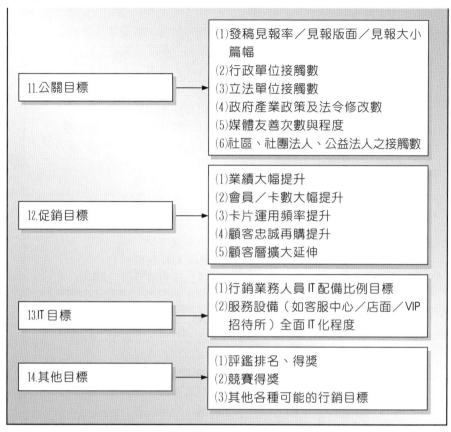

11.公關目標	(1)發稿見報率／見報版面／見報大小篇幅 (2)行政單位接觸數 (3)立法單位接觸數 (4)政府產業政策及法令修改數 (5)媒體友善次數與程度 (6)社區、社團法人、公益法人之接觸數
12.促銷目標	(1)業績大幅提升 (2)會員／卡數大幅提升 (3)卡片運用頻率提升 (4)顧客忠誠再購提升 (5)顧客層擴大延伸
13.IT 目標	(1)行銷業務人員IT配備比例目標 (2)服務設備（如客服中心／店面／VIP招待所）全面IT化程度
14.其他目標	(1)評鑑排名、得獎 (2)競賽得獎 (3)其他各種可能的行銷目標

㈡行銷目標六大數據管理項目

達成或提升、鞏固或確保、搶占或保持成長下列六大數據目標：

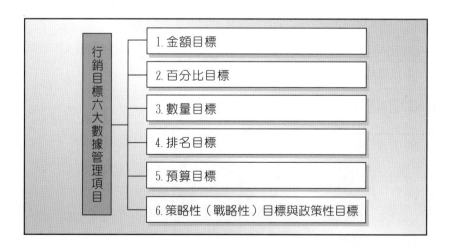

行銷目標六大數據管理項目

1. 金額目標
2. 百分比目標
3. 數量目標
4. 排名目標
5. 預算目標
6. 策略性（戰略性）目標與政策性目標

㈢行銷企劃案目的／目標舉例

企劃案類別	目的／目標舉例
1. 促銷企劃案	⑴達成週年慶／年中慶多少營收業績及多少獲利額增加或成長的目標。 ⑵創造多少現金流量週轉目標。 ⑶達成多少會員人數或聯名卡卡數增加之目標。 ⑷其他目標。
2. 新產品企劃案	⑴完整、齊全公司產品線及產品組合，以提升產品整體競爭力之目標。 ⑵滿足經銷商、加盟店、代理商、出口商、零售商等各通路商新產品需求之目標。 ⑶確保新產品規劃及上市順利成功，避免失敗的行銷成本支出之目標。 ⑷完美開發未來五年公司可獲利的新產品之布局目標。 ⑸增加公司未來三年持續營收及獲利成長10%之目標。 ⑹其他目標。
3. 服務企劃案	⑴為顧客提供創新服務項目及內容，以提升顧客對本公司（或本品牌）的滿意度、忠誠度及再購度之某個比例目標。 ⑵服務即是本公司的產品，做好服務，就是提供好產品給顧客，建立顧客對本公司信賴度與情感度之目標。 ⑶增加本公司與競爭對手之差異化服務競爭優勢，以持續領導地位。 ⑷其他目標或目的。
4. 營業組織改革企劃案	⑴有效提升每位業務人員的銷售作戰力。 ⑵改變營業區域分配責任區，以提升業績。 ⑶建立營業通路別的利潤責任中心制度，以提升通路績效。 ⑷成立新營業組織單位，以配合新事業及新產品之導入市場。
5. 年度行銷績效檢討企劃案	⑴年終檢討當年度各種行銷績效指標達成度狀況，並分析背後因素，以及未來具體有效改善對策。 ⑵策劃未來新年度營業行銷預算目標數據，以及提出具體的 8P/1S 革新與創新計畫。

三、市場環境分析圖示

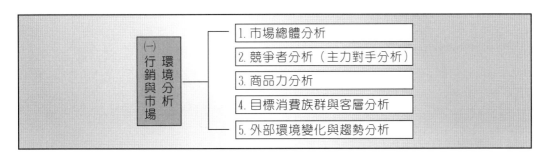

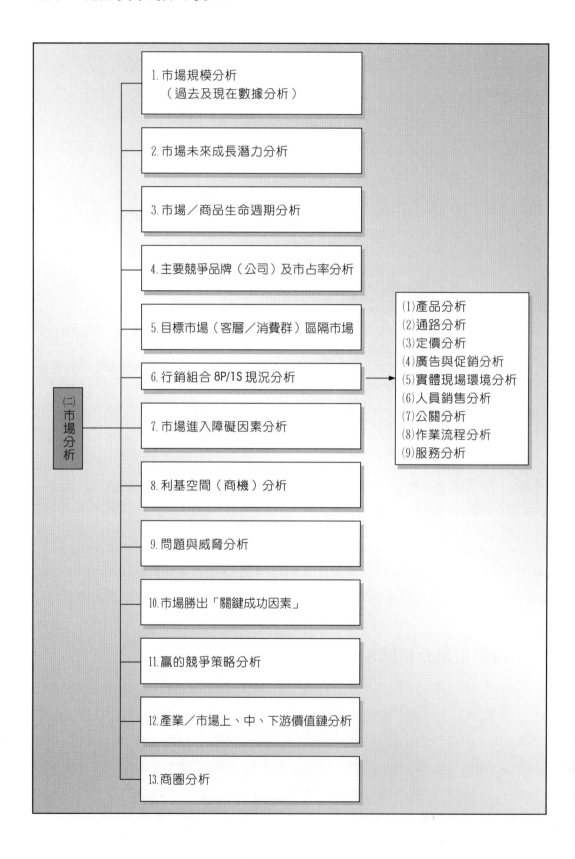

(二)市場分析

1. 市場規模分析
   （過去及現在數據分析）

2. 市場未來成長潛力分析

3. 市場／商品生命週期分析

4. 主要競爭品牌（公司）及市占率分析

5. 目標市場（客層／消費群）區隔市場

6. 行銷組合 8P/1S 現況分析

7. 市場進入障礙因素分析

8. 利基空間（商機）分析

9. 問題與威脅分析

10. 市場勝出「關鍵成功因素」

11. 贏的競爭策略分析

12. 產業／市場上、中、下游價值鏈分析

13. 商圈分析

(1)產品分析
(2)通路分析
(3)定價分析
(4)廣告與促銷分析
(5)實體現場環境分析
(6)人員銷售分析
(7)公關分析
(8)作業流程分析
(9)服務分析

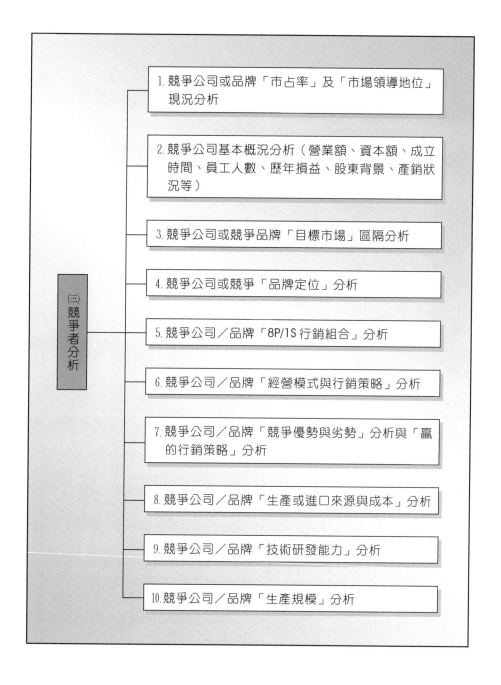

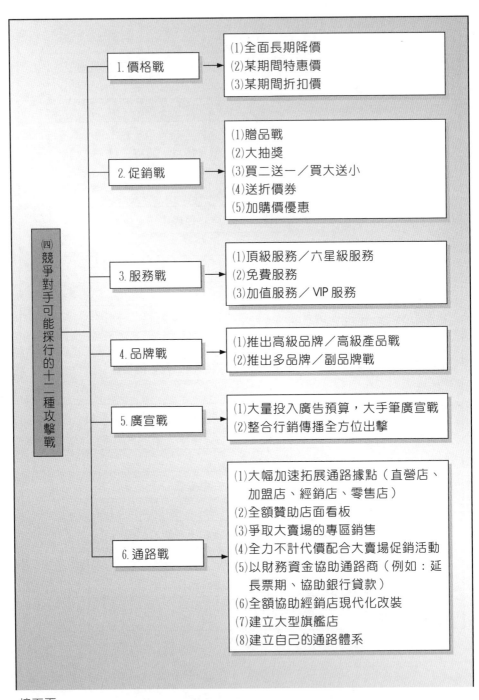

(四)競爭對手可能採行的十二種攻擊戰

1. 價格戰
- (1)全面長期降價
- (2)某期間特惠價
- (3)某期間折扣價

2. 促銷戰
- (1)贈品戰
- (2)大抽獎
- (3)買二送一／買大送小
- (4)送折價券
- (5)加購價優惠

3. 服務戰
- (1)頂級服務／六星級服務
- (2)免費服務
- (3)加值服務／VIP 服務

4. 品牌戰
- (1)推出高級品牌／高級產品戰
- (2)推出多品牌／副品牌戰

5. 廣宣戰
- (1)大量投入廣告預算，大手筆廣宣戰
- (2)整合行銷傳播全方位出擊

6. 通路戰
- (1)大幅加速拓展通路據點（直營店、加盟店、經銷店、零售店）
- (2)全額贊助店面看板
- (3)爭取大賣場的專區銷售
- (4)全力不計代價配合大賣場促銷活動
- (5)以財務資金協助通路商（例如：延長票期、協助銀行貸款）
- (6)全額協助經銷店現代化改裝
- (7)建立大型旗艦店
- (8)建立自己的通路體系

接下頁

承上頁

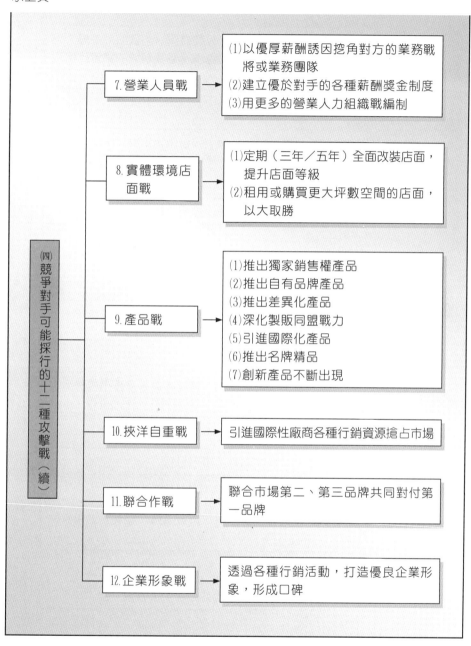

(四)競爭對手可能採行的十二種攻擊戰（續）

7.營業人員戰
(1)以優厚薪酬誘因挖角對方的業務戰將或業務團隊
(2)建立優於對手的各種薪酬獎金制度
(3)用更多的營業人力組織戰編制

8.實體環境店面戰
(1)定期（三年／五年）全面改裝店面，提升店面等級
(2)租用或購買更大坪數空間的店面，以大取勝

9.產品戰
(1)推出獨家銷售權產品
(2)推出自有品牌產品
(3)推出差異化產品
(4)深化製販同盟戰力
(5)引進國際化產品
(6)推出名牌精品
(7)創新產品不斷出現

10.挾洋自重戰　引進國際性廠商各種行銷資源搶占市場

11.聯合作戰　聯合市場第二、第三品牌共同對付第一品牌

12.企業形象戰　透過各種行銷活動，打造優良企業形象，形成口碑

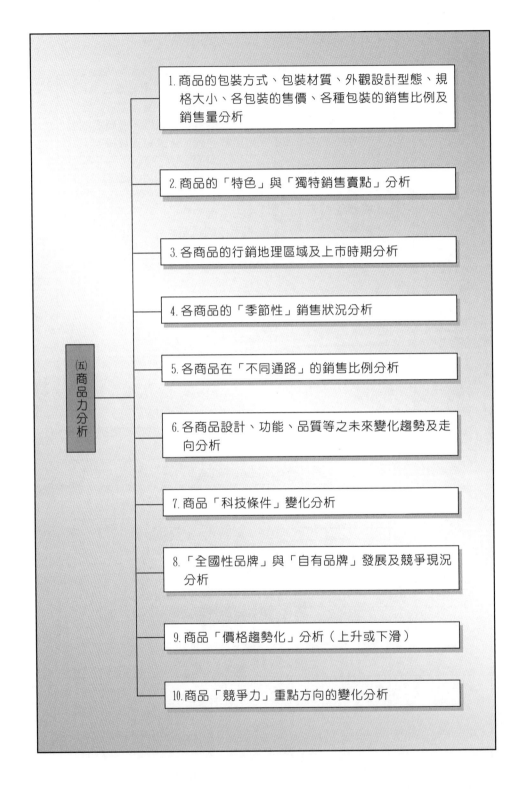

（五）商品力分析

1. 商品的包裝方式、包裝材質、外觀設計型態、規格大小、各包裝的售價、各種包裝的銷售比例及銷售量分析

2. 商品的「特色」與「獨特銷售賣點」分析

3. 各商品的行銷地理區域及上市時期分析

4. 各商品的「季節性」銷售狀況分析

5. 各商品在「不同通路」的銷售比例分析

6. 各商品設計、功能、品質等之未來變化趨勢及走向分析

7. 商品「科技條件」變化分析

8. 「全國性品牌」與「自有品牌」發展及競爭現況分析

9. 商品「價格趨勢化」分析（上升或下滑）

10. 商品「競爭力」重點方向的變化分析

（六）目標消費群（客層）分析

1. 重要的「使用者」與「購買者」是誰？是否為同一人？購買總數量？

2. 消費者在購買時，會受到哪些因素影響？購買重要「動機」為何？

3. 消費者什麼時候購買？經常在哪些地點購買？或時間、地點均不定？

4. 消費者對商品的「要求條件」重要性有哪些？

5. 消費者每天、每週、每月或每年的使用次數？使用量？

6. 消費者大多經由哪些管道得知商品訊息？

7. 消費者對此類商品的品牌忠誠度如何？很高或很低？

8. 消費者對此類商品的價格敏感度高低如何？對品牌敏感度高低如何？對販促（即指促銷活動）敏感度高低如何？對廣告吸引力敏感度高低如何？

9. 不同的消費者是否有不同包裝容量的需求？

10. 理性購買、情感性購買或直觀性購買？

11. 消費客層的購買力如何？所得力如何？

12. 消費客層還有什麼未被滿足的潛在需求、欲望或想要的？

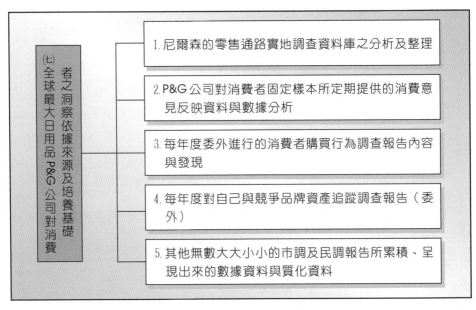

(七) 全球最大日用品P&G公司對消費者之洞察依據來源及培養基礎

1. 尼爾森的零售通路實地調查資料庫之分析及整理

2. P&G公司對消費者固定樣本所定期提供的消費意見反映資料與數據分析

3. 每年度委外進行的消費者購買行為調查報告內容與發現

4. 每年度對自己與競爭品牌資產追蹤調查報告（委外）

5. 其他無數大大小小的市調及民調報告所累積、呈現出來的數據資料與質化資料

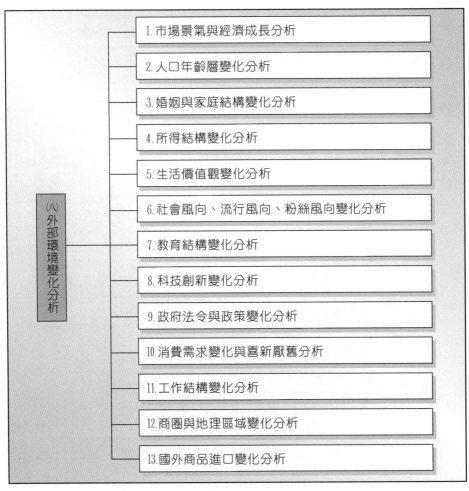

(八) 外部環境變化分析

1. 市場景氣與經濟成長分析

2. 人口年齡層變化分析

3. 婚姻與家庭結構變化分析

4. 所得結構變化分析

5. 生活價值觀變化分析

6. 社會風向、流行風向、粉絲風向變化分析

7. 教育結構變化分析

8. 科技創新變化分析

9. 政府法令與政策變化分析

10. 消費需求變化與喜新厭舊分析

11. 工作結構變化分析

12. 商圈與地理區域變化分析

13. 國外商品進口變化分析

四、問題與機會洞察圖示

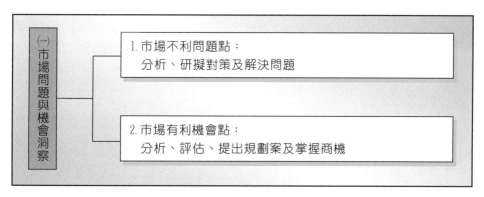

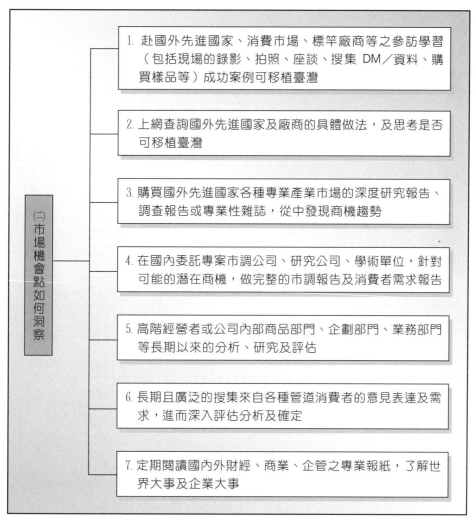

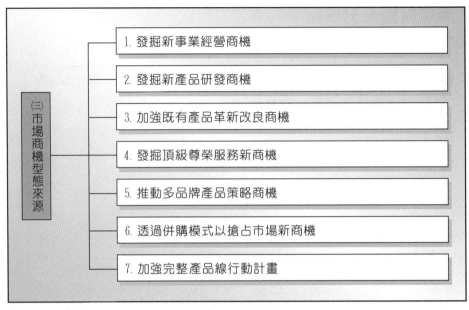

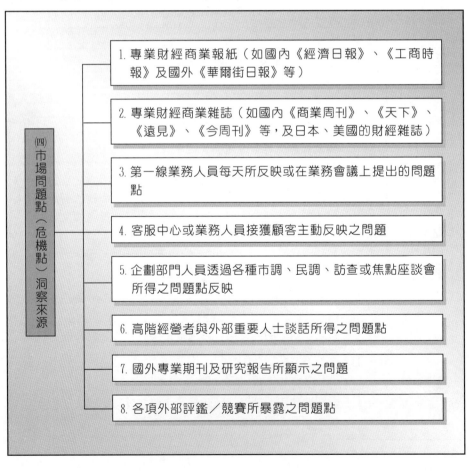

（五）企業面對各種威脅與危機的來源

1. 來自主要競爭者以低價、促銷及大量廣告搶占市場

2. 來自對手技術的重大突破及大躍進

3. 產品生命週期已進入衰退期

4. 經濟成長率低，市場買氣低迷，消費力弱

5. 利率升高的不利影響

6. 政府產業政策及法令不利改變

7. 全球化與自由化的威脅

8. 規模大型化威脅

9. 經營成本偏高的不利

10. 新競爭對手的紛紛加入

11. 引進國際大公司的資源戰

12. 資金力強大威脅

13. 研發出創新獨特新產品威脅

14. 國外高關稅威脅

15. 集團資源綜效的對抗

16. 企業自身資源條件逐步弱化

17. 自身新產品推出速度太慢或缺乏主力產品

18. 行銷戰略的嚴重失誤

五、區隔市場與品牌（產品）定位圖示

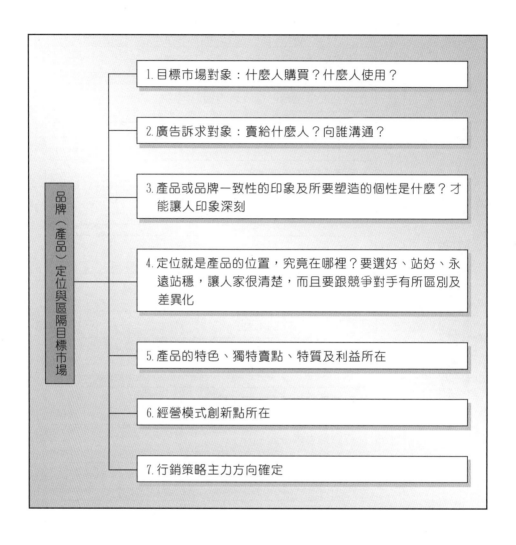

六、行銷組合策略與計畫

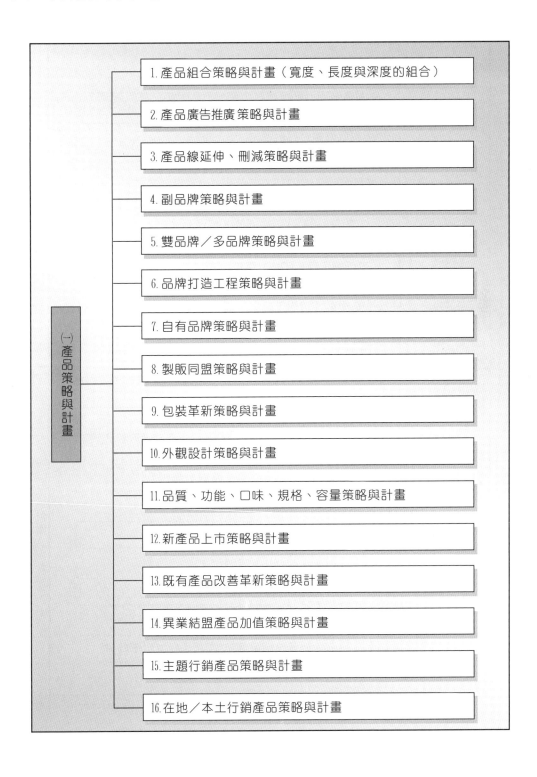

(一)產品策略與計畫

1. 產品組合策略與計畫（寬度、長度與深度的組合）
2. 產品廣告推廣策略與計畫
3. 產品線延伸、刪減策略與計畫
4. 副品牌策略與計畫
5. 雙品牌／多品牌策略與計畫
6. 品牌打造工程策略與計畫
7. 自有品牌策略與計畫
8. 製販同盟策略與計畫
9. 包裝革新策略與計畫
10. 外觀設計策略與計畫
11. 品質、功能、口味、規格、容量策略與計畫
12. 新產品上市策略與計畫
13. 既有產品改善革新策略與計畫
14. 異業結盟產品加值策略與計畫
15. 主題行銷產品策略與計畫
16. 在地／本土行銷產品策略與計畫

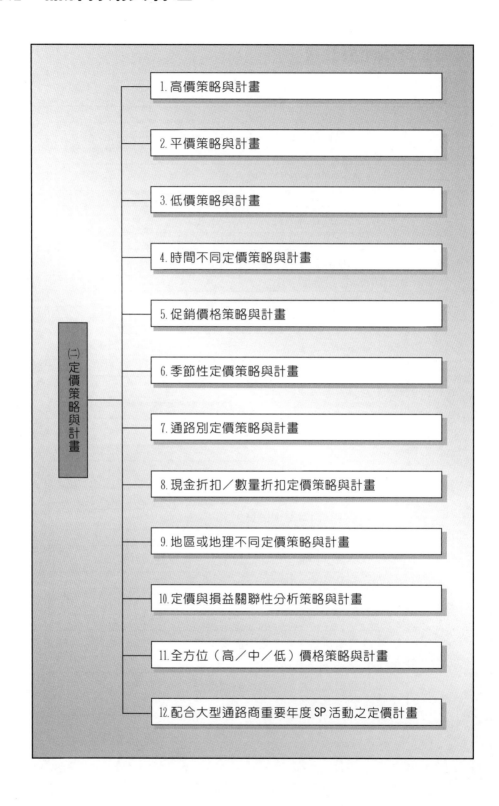

(二) 定價策略與計畫

1. 高價策略與計畫

2. 平價策略與計畫

3. 低價策略與計畫

4. 時間不同定價策略與計畫

5. 促銷價格策略與計畫

6. 季節性定價策略與計畫

7. 通路別定價策略與計畫

8. 現金折扣／數量折扣定價策略與計畫

9. 地區或地理不同定價策略與計畫

10. 定價與損益關聯性分析策略與計畫

11. 全方位（高／中／低）價格策略與計畫

12. 配合大型通路商重要年度 SP 活動之定價計畫

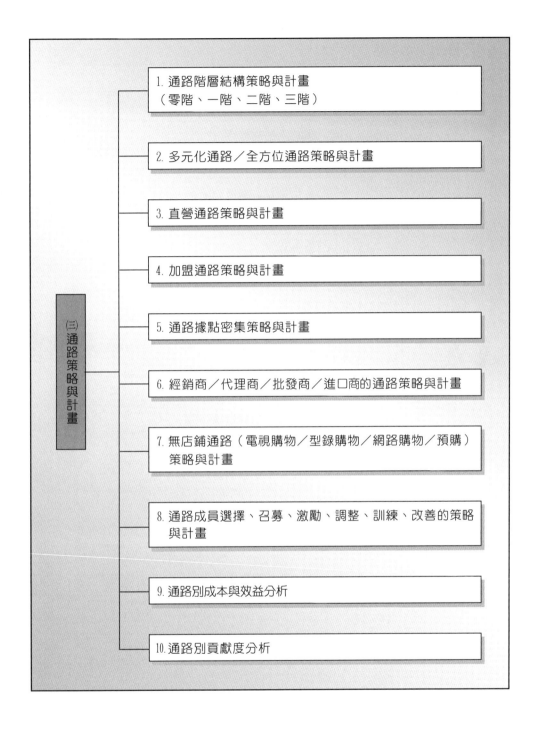

㈢ 通路策略與計畫

1. 通路階層結構策略與計畫
   （零階、一階、二階、三階）

2. 多元化通路／全方位通路策略與計畫

3. 直營通路策略與計畫

4. 加盟通路策略與計畫

5. 通路據點密集策略與計畫

6. 經銷商／代理商／批發商／進口商的通路策略與計畫

7. 無店鋪通路（電視購物／型錄購物／網路購物／預購）
   策略與計畫

8. 通路成員選擇、召募、激勵、調整、訓練、改善的策略
   與計畫

9. 通路別成本與效益分析

10. 通路別貢獻度分析

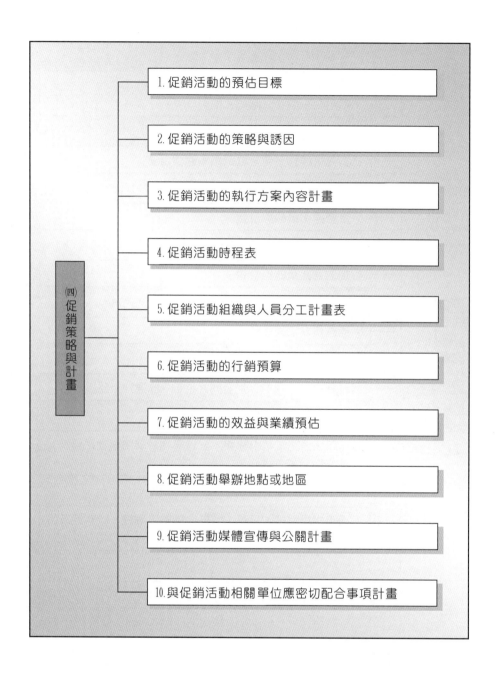

㈣ 促銷策略與計畫

1. 促銷活動的預估目標

2. 促銷活動的策略與誘因

3. 促銷活動的執行方案內容計畫

4. 促銷活動時程表

5. 促銷活動組織與人員分工計畫表

6. 促銷活動的行銷預算

7. 促銷活動的效益與業績預估

8. 促銷活動舉辦地點或地區

9. 促銷活動媒體宣傳與公關計畫

10. 與促銷活動相關單位應密切配合事項計畫

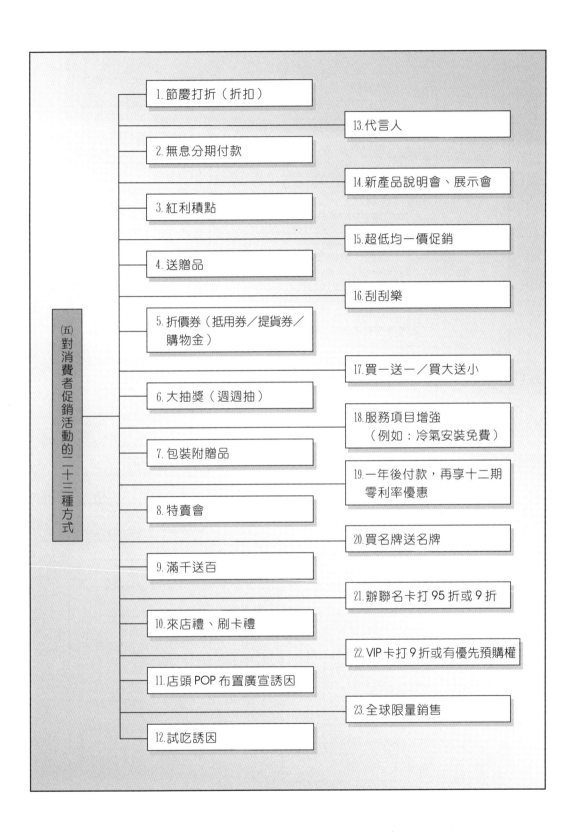

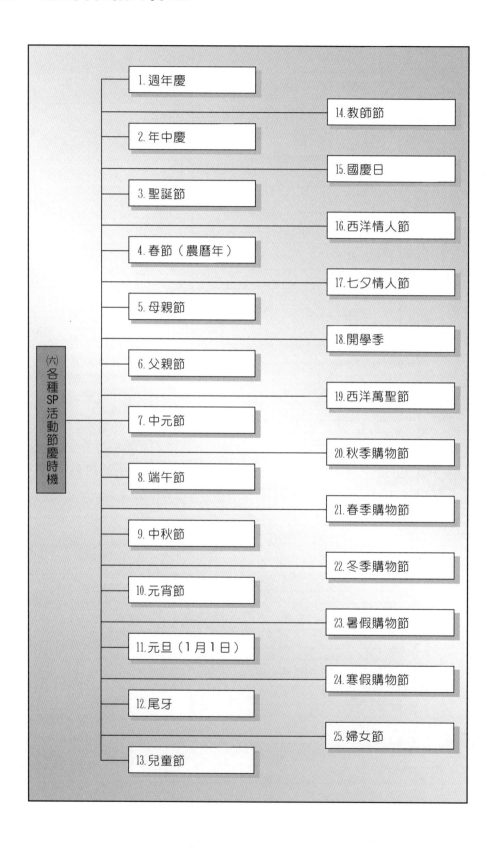

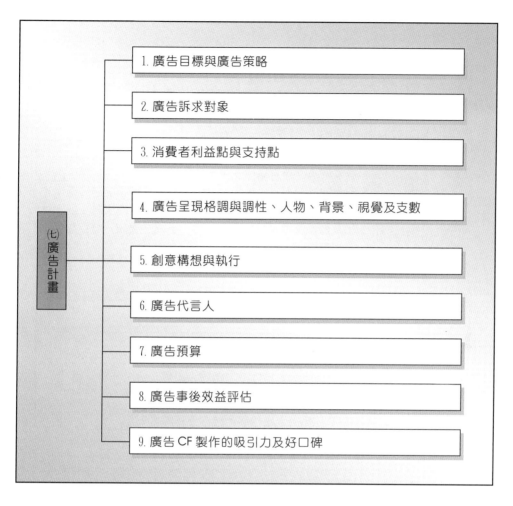

（七）廣告計畫

1. 廣告目標與廣告策略
2. 廣告訴求對象
3. 消費者利益點與支持點
4. 廣告呈現格調與調性、人物、背景、視覺及支數
5. 創意構想與執行
6. 廣告代言人
7. 廣告預算
8. 廣告事後效益評估
9. 廣告 CF 製作的吸引力及好口碑

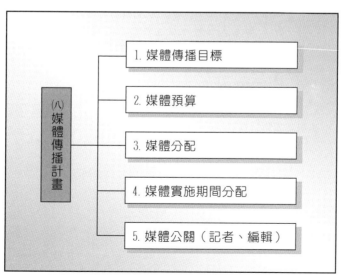

（八）媒體傳播計畫

1. 媒體傳播目標
2. 媒體預算
3. 媒體分配
4. 媒體實施期間分配
5. 媒體公關（記者、編輯）

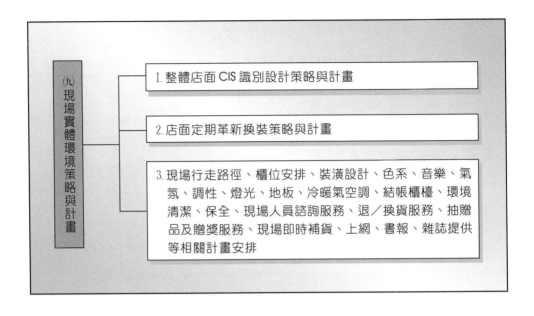

(九)現場實體環境策略與計畫

1. 整體店面 CIS 識別設計策略與計畫

2. 店面定期革新換裝策略與計畫

3. 現場行走路徑、櫃位安排、裝潢設計、色系、音樂、氣氛、調性、燈光、地板、冷暖氣空調、結帳櫃檯、環境清潔、保全、現場人員諮詢服務、退／換貨服務、抽贈品及贈獎服務、現場即時補貨、上網、書報、雜誌提供等相關計畫安排

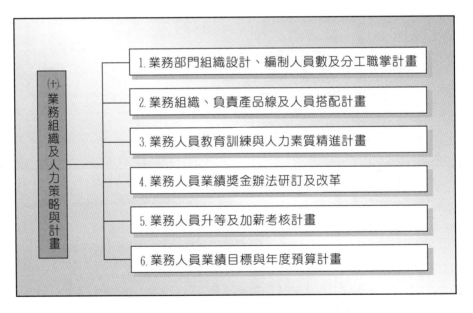

(十)業務組織及人力策略與計畫

1. 業務部門組織設計、編制人員數及分工職掌計畫

2. 業務組織、負責產品線及人員搭配計畫

3. 業務人員教育訓練與人力素質精進計畫

4. 業務人員業績獎金辦法研訂及改革

5. 業務人員升等及加薪考核計畫

6. 業務人員業績目標與年度預算計畫

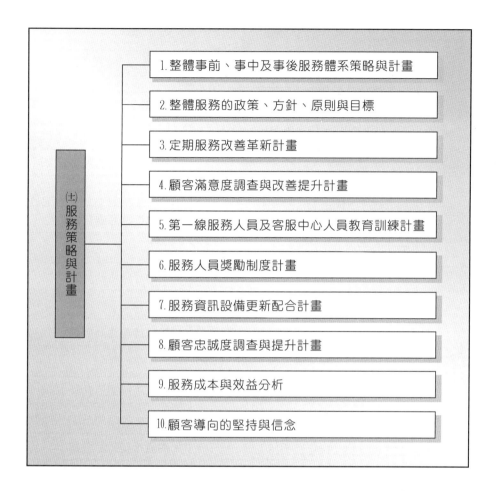

（土）服務策略與計畫

1. 整體事前、事中及事後服務體系策略與計畫

2. 整體服務的政策、方針、原則與目標

3. 定期服務改善革新計畫

4. 顧客滿意度調查與改善提升計畫

5. 第一線服務人員及客服中心人員教育訓練計畫

6. 服務人員獎勵制度計畫

7. 服務資訊設備更新配合計畫

8. 顧客忠誠度調查與提升計畫

9. 服務成本與效益分析

10. 顧客導向的堅持與信念

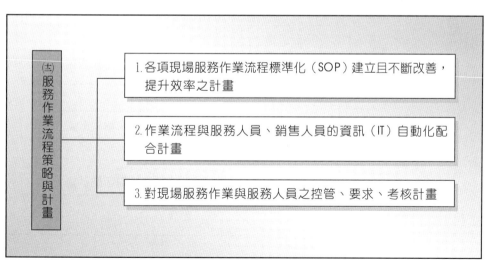

（士）服務作業流程策略與計畫

1. 各項現場服務作業流程標準化（SOP）建立且不斷改善，提升效率之計畫

2. 作業流程與服務人員、銷售人員的資訊（IT）自動化配合計畫

3. 對現場服務作業與服務人員之控管、要求、考核計畫

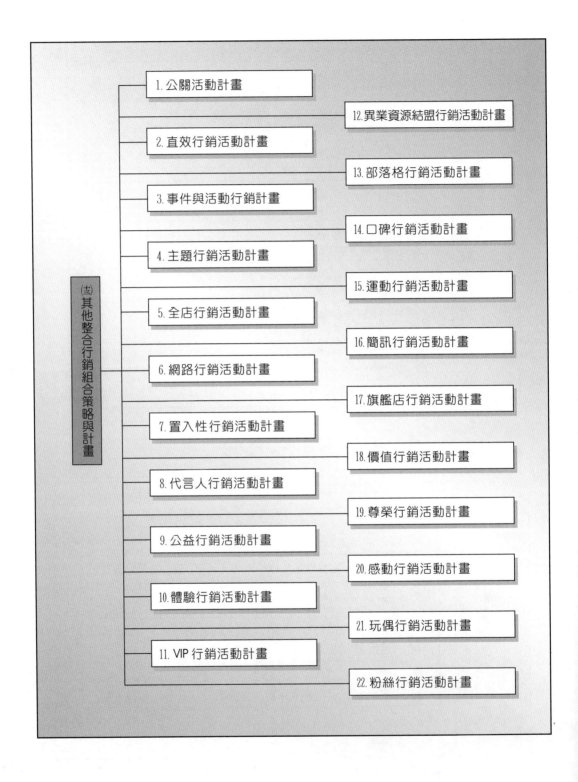

七、行銷預算圖示

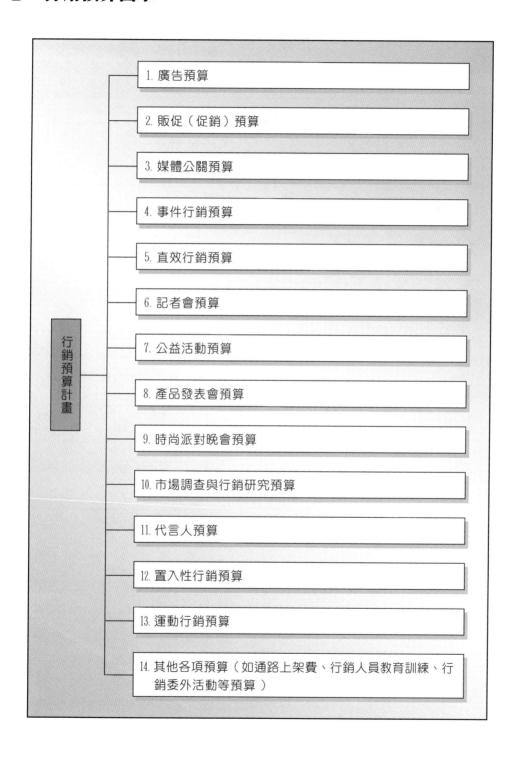

行銷預算計畫

1. 廣告預算

2. 販促（促銷）預算

3. 媒體公關預算

4. 事件行銷預算

5. 直效行銷預算

6. 記者會預算

7. 公益活動預算

8. 產品發表會預算

9. 時尚派對晚會預算

10. 市場調查與行銷研究預算

11. 代言人預算

12. 置入性行銷預算

13. 運動行銷預算

14. 其他各項預算（如通路上架費、行銷人員教育訓練、行銷委外活動等預算）

八、工作時程

工作進度總表 —— 各項重要工作安排起迄時間與負責單位列表公益活動預算

九、工作小組

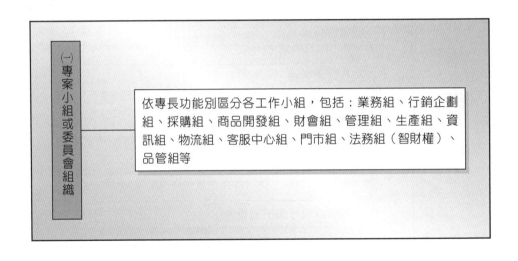

(一)專案小組或委員會組織 —— 依專長功能別區分各工作小組,包括:業務組、行銷企劃組、採購組、商品開發組、財會組、管理組、生產組、資訊組、物流組、客服中心組、門市組、法務組(智財權)、品管組等

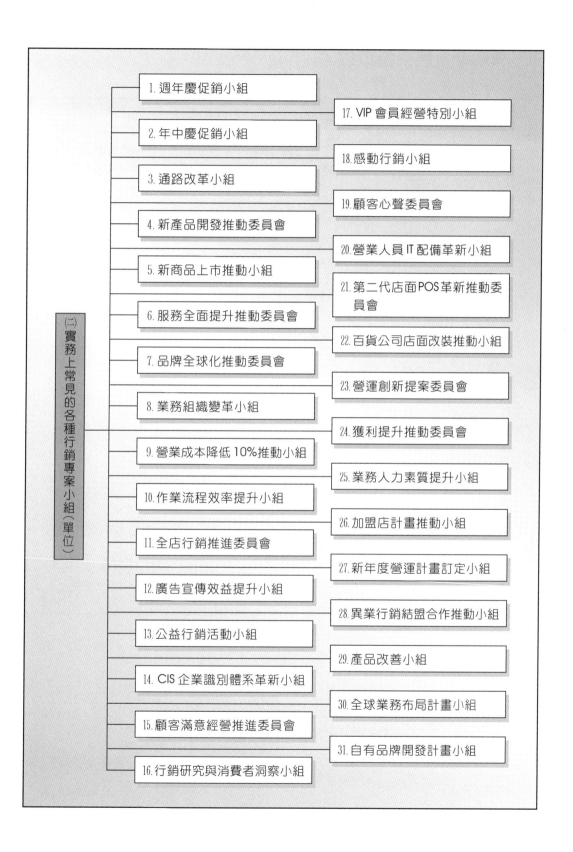

（二）實務上常見的各種行銷專案小組（單位）

1. 週年慶促銷小組
2. 年中慶促銷小組
3. 通路改革小組
4. 新產品開發推動委員會
5. 新商品上市推動小組
6. 服務全面提升推動委員會
7. 品牌全球化推動委員會
8. 業務組織變革小組
9. 營業成本降低10%推動小組
10. 作業流程效率提升小組
11. 全店行銷推進委員會
12. 廣告宣傳效益提升小組
13. 公益行銷活動小組
14. CIS企業識別體系革新小組
15. 顧客滿意經營推進委員會
16. 行銷研究與消費者洞察小組

17. VIP會員經營特別小組
18. 感動行銷小組
19. 顧客心聲委員會
20. 營業人員IT配備革新小組
21. 第二代店面POS革新推動委員會
22. 百貨公司店面改裝推動小組
23. 營運創新提案委員會
24. 獲利提升推動委員會
25. 業務人力素質提升小組
26. 加盟店計畫推動小組
27. 新年度營運計畫訂定小組
28. 異業行銷結盟合作推動小組
29. 產品改善小組
30. 全球業務布局計畫小組
31. 自有品牌開發計畫小組

十、效益分析與業績預估

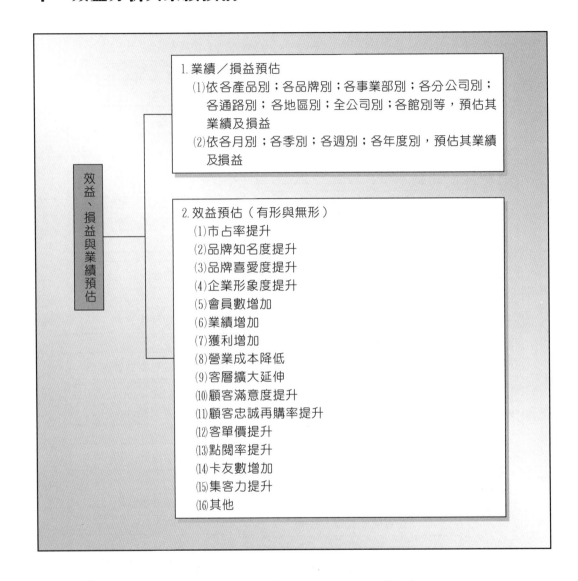

效益、損益與業績預估

1. 業績／損益預估
   (1)依各產品別；各品牌別；各事業部別；各分公司別；各通路別；各地區別；全公司別；各館別等，預估其業績及損益
   (2)依各月別；各季別；各週別；各年度別，預估其業績及損益

2. 效益預估（有形與無形）
   (1)市占率提升
   (2)品牌知名度提升
   (3)品牌喜愛度提升
   (4)企業形象度提升
   (5)會員數增加
   (6)業績增加
   (7)獲利增加
   (8)營業成本降低
   (9)客層擴大延伸
   (10)顧客滿意度提升
   (11)顧客忠誠再購率提升
   (12)客單價提升
   (13)點閱率提升
   (14)卡友數增加
   (15)集客力提升
   (16)其他

十一、集團企業／國際企業資源的加持

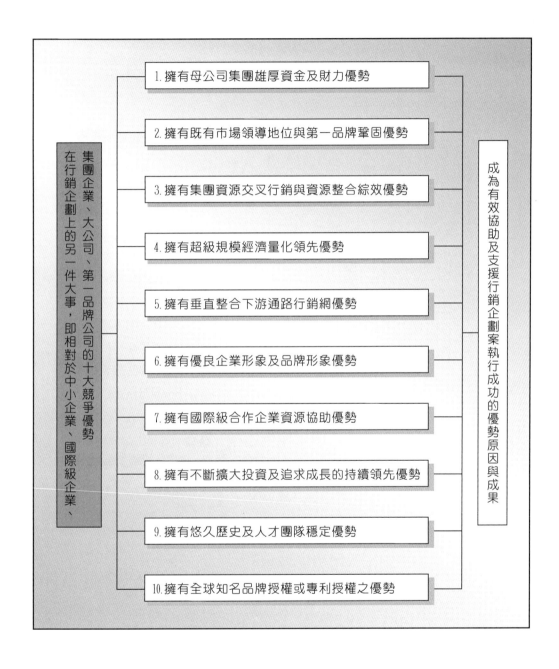

集團企業、大公司、第一品牌公司的十大競爭優勢

在行銷企劃上的另一件大事，即相對於中小企業、國際級企業、

1. 擁有母公司集團雄厚資金及財力優勢
2. 擁有既有市場領導地位與第一品牌鞏固優勢
3. 擁有集團資源交叉行銷與資源整合綜效優勢
4. 擁有超級規模經濟量化領先優勢
5. 擁有垂直整合下游通路行銷網優勢
6. 擁有優良企業形象及品牌形象優勢
7. 擁有國際級合作企業資源協助優勢
8. 擁有不斷擴大投資及追求成長的持續領先優勢
9. 擁有悠久歷史及人才團隊穩定優勢
10. 擁有全球知名品牌授權或專利授權之優勢

成為有效協助及支援行銷企劃案執行成功的優勢原因與成果

十二、行銷企劃人員應具備的知識與常識

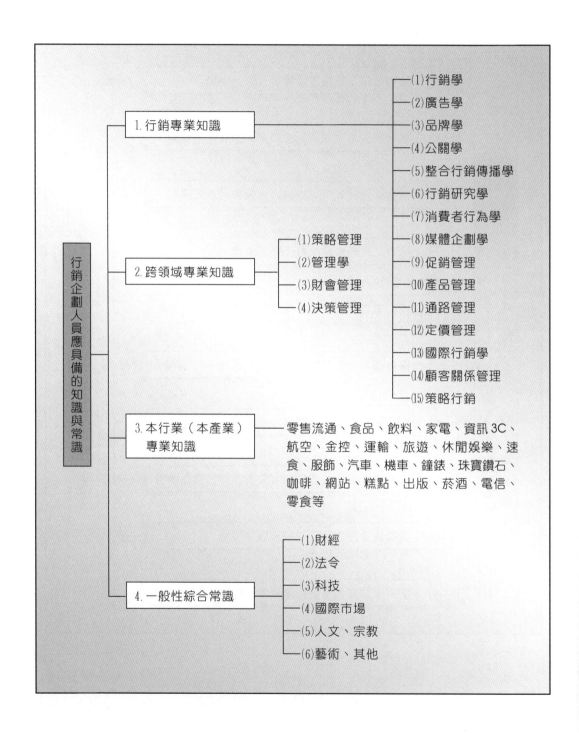

十三、行銷企劃的項目

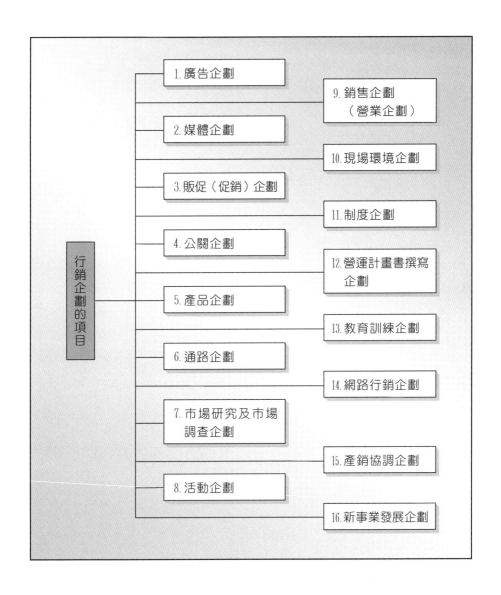

品牌行銷案例

<第

〈案例1〉 統一超商 CITY CAFE 品牌行銷祕訣

㈠早期失敗的經驗

早在1986年起，7-ELEVEN就已在店內販賣美式自助式咖啡。煮好一壺放在保溫爐上隨您取用，但這種消費型態並沒有受到矚目，可說是失敗的。

㈡重新品牌命名，找出機會點，24小時喝到好咖啡

1. 重新再出發的7-ELEVEN，選在2004年把咖啡重新命名為CITY CAFE。
2. 市調顯示消費者對新鮮烘焙及現煮研磨咖啡的需求度愈來愈明顯。
3. 重新定位，現煮咖啡就在您身邊。7-ELEVEN全國有6,800家店，且24小時不打烊，可滿足消費者在任何時間上的需求，為此也打出隨時隨地喝到好咖啡的概念。

㈢專業級咖啡感受的改革

1. 首先從咖啡的品質著手，選用獨家引進瑞士進口的全自動義式咖啡機，就連咖啡的靈魂咖啡豆，也選用進口生豆到臺灣進行烘焙，以確保鮮度。
2. 另外還因應四季的變化，以最暢銷的拿鐵口味為基礎，在不同季節推出新口味。例如：在春夏季推出抹茶口味，秋冬則推出焦糖口味，以滿足顧客在不同季節變換口感的需求。
3. 展開鋪機計畫，也兼顧品質與服務，還有穩定的供應鏈，以提升品牌價值。
4. 在咖啡紙杯設計、開發周邊商品、改善配件上，均不斷與消費者溝通。
5. 同時在6,800家店頭燈箱、主題看板、糕點架，均加強門市的銷售情境。

6. 每家門市推派人員接受咖啡專業訓練,不斷提升門市店咖啡達人的專業銷售能力。

(四) 千店行銷:整合行銷的展現

1. 有了隨時立即飲用的現煮咖啡新定位後,由聯旭廣告公司做廣告代理,提出「整個城市就是我的咖啡館」之品牌主張,然後進行宣傳。
2. 利用1,000店達成的時間點與旺季來臨的時機做結合,進行年度最大的溝通活動。
3. 首先,選定桂綸鎂做CITY CAFE代言人,以吸引演藝、戲劇界的記者爭相報導,產生整個城市充滿「我的咖啡館」之氛圍。
4. 再透過電視、報紙、雜誌、戶外、車體、廣播、招牌、門市燈箱等廣告,呈現出全方位整合行銷傳播的攻勢。
5. 此外,搭配促銷回饋第二杯半價活動,以吸引消費者心動上門購買,並張貼大型海報在門市店。
6. 網路方面結合藝文界或電影界展開宣傳。

(五) 面對競爭的對策

面對其他便利商店的競爭,例如:全家結合伯朗以及麥當勞推出「My Cafe」,7-ELEVEN的因應之道如下:

1. 投入更多產品研發。
2. 投入更多的行銷宣傳預算,以更有創意的廣告語言與消費者溝通。
3. 開展更多店安裝咖啡機,以保持門市店普及的領先。

(六) CITY CAFE成功行銷的關鍵因素

1. 品牌命名成功

CITY CAFE好記、好唸,有助口碑傳播宣傳。

2. 產品力強

呈現專業級咖啡感受,從咖啡機、咖啡豆挑選到多種口味的變化,其喝起來的品質感,並不輸知名咖啡店的咖啡。

3. 平價(價格便宜)

CITY CAFE依不同的口味及大、中、小杯,其價格約在40元至65元之間,此價格可謂大眾化與平價化,故能快速普及。

4. 方便購買

7-ELEVEN有6,800家店非常普及,因此消費者購買非常方便,故通路策略也算很成功。

5. 環境成熟

喝咖啡市場日益形成潮流,且外帶型咖啡也有實際上的需求及便利性,因此整個行銷環境算是成熟了,故是好時機。

6. 選對代言人

藝人桂綸鎂的清新形象,為CITY CAFE的知名度與好感度帶來助益甚多,算是成功的咖啡代言人。

7. 整合行銷傳播操作成功

7-ELEVEN最擅長的媒體、廣告、公關、店面宣傳、置入報導等整合行銷傳播表現優異,把整個店的咖啡氣氛及CITY CAFE的品牌知名度拉到最高峰,可謂IMC操作好手,這也是廣告代理商及媒體代理商協助支援的好成果。

8. 行銷戰略本質成功:事業化經營

7-ELEVEN把整個「品牌化」操作得相當澈底,而且感覺喝到與咖啡店煮得一樣好的咖啡。所以,CITY CAFE從戰略高度,全方位思考如何操作一個現煮、24小時的咖啡「事業」,而不是咖啡「產品」,故能做大、做長、做久、做遠。

〈案例 2〉 桂冠火鍋料的品牌成功祕訣

㈠高市占率

桂冠在臺灣整體冷凍調理食品市占率達四成以上。其中,招牌火鍋餃類產品每年在全臺賣出超過2,000萬盒,市占率達60%,湯圓市占率更高達85%。

㈡外部環境變化

2008年9月全球金融危機,造成百業蕭條,許多企業開始裁員、降薪、放無薪假,為了節省荷包,許多消費者逐漸減少外食,開始在家吃飯。

㈢創造消費者更大的消費動機

桂冠看到了外在環境的轉變，著手加強產品在消費者心理層面附加價值的定位，把吃火鍋轉換成為家人的溝通平臺，是全家人參與、聯繫感情的活動，連結火鍋與家庭的正向關係。同時提醒消費者「22度吃火鍋了」，並推動「快樂家庭日」，創造消費者更大的消費動機。

㈣行銷預算

每年1億多元行銷預算，大部分以電視廣告為主軸，但網路行銷預算則從之前的5%提升到15%。

㈤忠誠顧客

透過每一次的網路活動，桂冠現在已累積五萬多筆有效名單。這些名單中，大部分是忠誠顧客，品牌每次推出新產品都會請他們試吃並提供意見，這群顧客已成了桂冠口碑行銷的最佳傳播者。

㈥與通路賣場合作

與家樂福合作舉辦「桂冠週」，請消費者把在家樂福購買的發票號碼，在桂冠的食品官網上輸入以參加抽獎，不僅有促銷效果，而且把實體通路的行銷活動連結到虛擬網站，找出成為網站忠誠會員的潛在消費者。

㈦整合行銷傳播計畫

請飛霓傳播公司拍攝「快樂家庭日，我們這一鍋」五支一系列廣告連續劇，並請藝人王月擔任母親角色，用五個家人間互動的小故事，帶出正向積極的家庭情感與產品間的關係。

㈧桂冠成功行銷的關鍵因素

1. 不斷洞察消費者的需求。
2. 不斷推出創新產品，以滿足消費者。
3. 重視桂冠品牌行銷的長期經營與投入。
4. 積極運用整合行銷傳播（IMC），在每一個與消費者的接觸點上，用各式廣告活動滿足消費者的心理需求。
5. 每年固定1億多元的行銷費用投入，以支援品牌形象與促銷活動，行銷成功。

㈨ 成果

在冷凍食品及火鍋料產品中，桂冠均位居實際銷售市占率及品牌印象排名的第一位。

㈩ 桂冠品牌高市占率的五大原因

1.不斷洞察消費者需求；2.持續推出創新產品；3.重視品牌長期經營；4.鋪天蓋地運用整合行銷傳播；5.每年固定投入1億多元行銷預算。

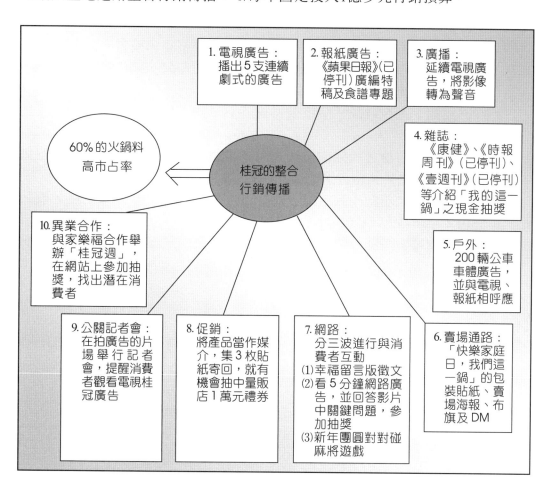

〈案例 3〉 大金品牌第一行銷祕訣

㈠每年推出不同篇別電視廣告，打造第一品牌

1. 大金在1992年由和泰代理，進入臺灣市場較晚，此時焦點放在如何說服消費者改用變頻冷氣、如何為大金定位，並創造品牌的差異化。

2. 首先，大金把品牌定位為日本第一（日本一番），在廣告中呈現相撲選手比賽，傳達出大金是純日系血統的領導品牌，成功的與一般冷氣廣告區隔開來。

3. 第二、三年大金乘勝追擊，推出射箭篇及標竿篇等廣告，說明變頻是空調的創新，強化大金是變頻冷氣領導者的印象，這兩年的銷售業績分別成長27.8%及52.9%。

4. 2005年起，大金就以「省電」為廣告訴求的重點，帶動當年業績成長了46.1%。

5. 2006年的電視廣告，強調變頻占有率連續五年第一，2007年訴求空氣清淨機，這兩年業績分別成長20%及22.8%。

6. 1992年至2007年的十五年間，大金銷售臺數從2,000臺到11萬臺，成長55倍，業績從2.4億元到56億元，成長23倍。

7. 和泰興業董事長蘇一仲及其家人，都在廣告CF擔任代言人及廣告主角演出，一起為產品背書，提高產品說服力，並增加消費者對品牌的認同感。

年度	廣告 CF	策略	廣告金句	銷售臺數	銷售臺數成長率	銷售額	銷售額成長率
2001、2002	親方篇	告訴消費大眾，大金是市場第一	他們在爭什麼啊？他們在爭第二，第二有什麼好爭？因為第一已經確定了	16,800 臺	10%	11.5 億、13.3 億	15.6%
2003	射箭篇	訴求大金是變頻冷氣領導者	（略）	26,500 臺	57%	17 億	27.8%
2004	標竿篇	（略）	要最好，您非變不可？	46,800 臺	76%	26 億	52.9%
2005	省電高手篇	（略）	省電高手「上界省」（臺語）	72,000 臺	53.8%	38 億	46.1%
2006	領導篇	（略）	變頻空調領導者	87,000 臺	20.8%	45 億	20%
2007	推薦篇	（略）	what can I do?	110,000 臺	26.4%	56 億	22.8%
2008	同款，不同師傅	強調產品製作法的差異化	（略）	140,000 臺	27.2%	63 億	12.5%

(二)MP3戰略與PC7戰術

1. 除了廣告表現以外，大金空調應用蘇一仲董事長自創的MP3及PC7經營策略。

2. MP3戰略
(1)Market：市場分眾化。
(2)Product：產品差異化。
(3)無常、無形、變化：三大概念。

3. PC7戰術
(1)Product（產品）。
(2)Price（價格）。
(3)Place（通路）。
(4)Promotion（促銷）。
(5)PR（公關）。

⑹Profit（利潤確保）。

⑺People（人員組織）。

4. 大金以此分析市場及競爭品牌，再界定目標市場特性，了解核心競爭
優勢，隨時改變政策，篩選最佳行銷方法，打敗其他競爭品牌。

㈢推出大金寶寶代表品牌精神

在整合行銷上做法如下：

1. 電視廣告（為主力）。

2. 戶外廣告（臺北市建國高架、桃園機場、高鐵臺中站等）。

3. 刊物（DAIKIN Life & Air）（經銷商為對象）。

4. 新產品發表會。

5. 記者會。

6. 免費邀請新聞媒體記者到日本大金考察，體會此品牌精神。

7. 推出大金寶寶與消費者直接溝通。

㈣每年行銷預算

大金空調產品每年度的行銷預算約在8,000萬元左右，與其60多億元營收
相比，僅約1.4%左右，占比仍低。

㈤關鍵成功因素（K.S.F）

1. 定位日本一番（日本第一）策略成功，相當吸引人。

2. 強調產品差異化，例如：變頻冷氣的領導先驅。

3. 每年系列性之廣告創意、廣告主題、廣告策略及廣告呈現，均令人印
象深刻，打造出第一品牌形象。

4. 日本大金總公司產品力的支撐。

5. MP3戰略及PC7戰術的整合性組合操作成功。

〈案例 4〉「靠得住」衛生棉

以下說明金百利克拉克公司「靠得住」衛生棉的品牌再生戰役及整合行銷
策略。

㈠「靠得住」衛生棉品牌再生戰役圖

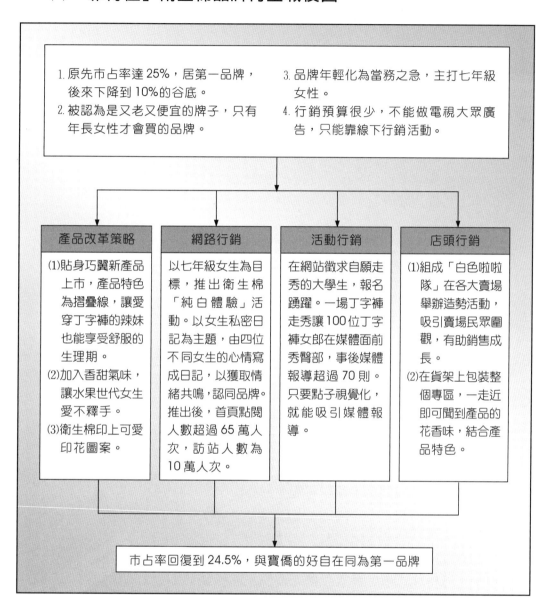

1. 「靠得住」衛生棉落到最後谷底的現象
⑴品牌地位變弱。
⑵是媽媽或姊姊愛用的品牌（品牌老化）。
⑶市占率連續四年急速下滑。
⑷通路商沒信心。

⑸業務員採殺價策略，價格愈殺愈低。
⑹沒有推出新產品。
⑺在區隔市場缺席。
⑻結語：產品經營績效極差。

２.五大主要競爭品牌
⑴P&G：好自在。
⑵花王：蕾妮亞。
⑶嬌生：摩黛絲（已停產）。
⑷嬌聯：蘇菲。
⑸本土：康乃馨。

㈡「純白體驗」的360度傳播溝通
──十二種工具及活動齊發並進

「純白體驗」360度整合行銷傳播：
1. 前導廣告：「開始愛上純白體驗」。
2. 正式主題廣告（TVCF）。
3. 電影院廣告。
4. 公司活動：新產品上市記者會（大學女生丁字褲走秀）。
5. 平面廣告廣編特輯。
6. 樣品發贈。
7. 店頭賣場熱鬧活動（啦啦隊）。
8. 布置賣場販售專區（芳香專區）。
9. 網路行銷（四個女生私密日記）。
10. 促銷抽獎活動。
11. 戶外廣告。
12. 戶外啦啦隊展示（華納威秀廣場）
說明：廣告片找來一群並非藝人或明星的年輕女生穿上純白短褲，對白生動及加上生活化，廣告推出後，銷售量急速上升，購買者以18～28歲女性為主。

㈢金百利克拉克公司產品開發四階段與對消費者的理解

Step1
1. 產品概念的產生（product concept generate）。
2. 焦點團體座談及篩選（focus group discussion & screening）。

3. 選定可以贏的概念（select winning concept）。

Step2

1. 試作品使用測試（sample usage test）。

2. 試作品盡可能修正到完美。

3. 確認是可以致勝的產品（assure winning product）。

Step3

1. 展開廣告測試（advertising test）。

2. FGD及modify。

3. 發展致勝廣告片（TVC），然後才正式花錢播出。

Step4

1. 展開包裝測試（package test）。

2. 創造致勝包裝（winning package）。

註1：曾經十次退回廣告片腳本及idea，直到真正滿意的廣告片腳本出爐才停止。而廣告片拍出來之後，也歷經三修、五修，最後才真正定案。

註2：包裝也花了一些工夫，要求具有設計質感。

(四)靠得住衛生棉產品的發展——持續性的創新原則

（年度）	2004	2005	2005	2006
（slogan）	沐浴 清新 →	親膚 蘆薈 →	（純白體驗） 貼身 巧翼 →	（純白體驗） pH5.5

要點：

1. 重點在如何贏過競爭對手。

2. 要配合研發部門（R&D）的研發技術能力。

3. 有特殊專利權保護。

(五)理解通路商的運作及狀況（通路行銷）

1. 通路商：「靠得住」衛生棉的販售通路，主要有量販店、福利中心、超市、便利商店、藥妝店（屈臣氏）、藥房等通路。

2. 每一類通路商及每一家通路商的配合條件、狀況及要求等，均不完全一樣。但少掉任何一個通路商，都會對業績不利，故需做好通路商的人脈及互動配合關係。

3. 品牌廠商與通路商互動往來的相關事項，包括：

⑴產品的定價。

⑵產品的毛利。

⑶通路商上架費及其他收入。

⑷品牌知名度。

⑸企業形象。

⑹促銷活動期的配合度。

⑺大量進貨的折扣優惠。

⑻旺季與淡季的不同做法。

⑼物流進／退貨。

⑽結帳、請款。

⑾資訊連線。

⑿賣場行銷活動的舉辦（試吃／試喝／現場展示／現場美容化妝／簽名會等）。

⒀上架／下架相關事宜。

⒁賣場區位的設計。

⒂廣告預算多寡。

⒃其他事項。

㈥洞察及了解消費者（使用者、目標顧客群）

1.使用與態度	2.理解顧客在賣場的購買行為
⑴消費地點、使用地點如何？	⑴購買頻率如何？
⑵使用頻率如何？	⑵購買地點？
⑶採購量如何？	⑶購買時間？
⑷品牌忠誠度如何？	⑷購買量？
⑸價格敏感度如何？	⑸重要特質及關鍵活動如何？
⑹競爭如何？	⑹對現場促銷的誘惑力如何？
⑺採購因素及動機如何？	⑺6W、2H的追根究柢（What、Why、Where、When、
⑻決策權如何？	Who、Whom、How much、How to do）

說明：

1. 靜態的在家／在辦公室之消費者行為，以及到大賣場／超市之後的消費行為，並不一致。

2. 去大賣場、百貨公司及屈臣氏等地的消費行為，也可能不一樣。

㈦ 建立致勝「行銷組織團隊」戰力（team building）

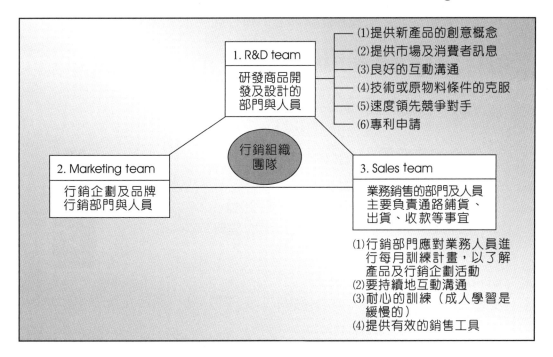

㈧ 做好完美執行整合行銷三角架的六件事情

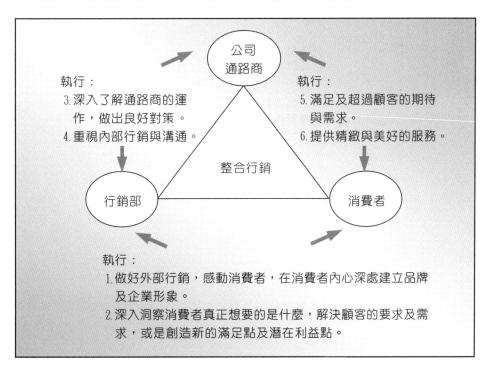

㈨最關鍵的兩個核心行銷成功因素

消費者洞察 + 產品研發及設計的能力與行動 = 行銷策略成功。

〈**案例 5**〉 日系化妝保養品牌 KOSÉ（高絲）經營品牌

品牌經營三步驟：

㈠品牌定位年輕化

1. 觀察到使用化妝保養品的年齡層，有逐漸下降趨勢。
2. 過去，高絲以30～40歲女性市場為主力。
3. 將目標鎖定在年輕族群是擴大市場的契機。
4. 鎖定輕熟女、輕齡女。

KOSÉ與競爭對手的產品特色：
1. 蘭蔻、SK-II、Dior：高貴優雅。
2. 資生堂：活潑、可愛。
3. 高絲：純粹又閃亮，誠實又親切。

㈡以多品牌進軍不同市場

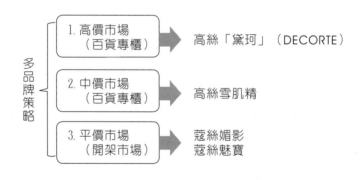

1. 品牌定價不同，通路也不同。

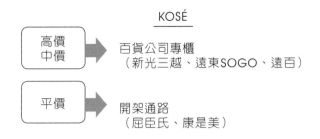

2. 高絲各個不同品牌定位圖：

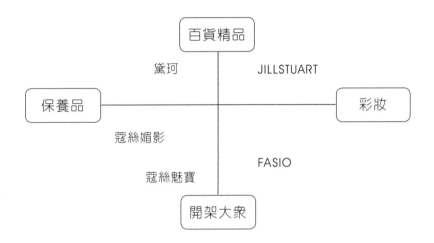

(三)嚴選代言人強化品牌印象

1. 高價黛珂：找歐美名模代言。
2. 中價位雪肌精：找臺灣林依晨代言。
3. 平價蔻絲媚影：找臺灣范瑋琪代言。
4. 平價FASIO彩妝：找日本男性松本潤代言。
5. KOSÉ代言人主要目的：⑴提升品牌認同度；⑵累積品牌形象。

〈案例 6〉 資生堂（臺灣）行銷致勝策略

㈠產品策略

1.保養系列	驅黑淨白露、莉薇特麗、美肌戀人、百優、優白、怡麗絲爾、碧麗妃、敏感話題、面皰、其他產品
2.彩妝系列	心機彩妝、心機底妝、優白底妝、莉薇特麗彩妝
3.身體系列	紅色曲線、世紀禪
4.防曬系列	安耐曬

㈡通路策略

1. 百貨公司

收入穩定的上班族，年齡介於25～35歲，教育程度中上以上，對於流行性的變化較敏感，因此較常到百貨公司，流動客層也較多。百貨公司所占之總營業額，為目前所有化妝品通路中之最高者，也因為如此，各家化妝品公司莫不想爭相進入。

2. 美容沙龍

美容沙龍此一通路服務水準良莠不齊，也是目前最為混亂的通路。

3. 直銷

此一通路由國外引進，一直有相關業者預測此一通路將會搶走專櫃市場，其實不然，大多後來均宣告失敗。

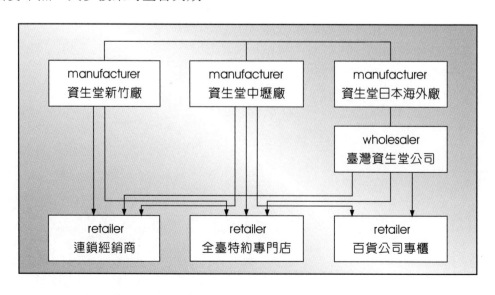

4. 開架式專櫃與自取式

此一通路自引進以來，即呈現成長狀態，以致吸引愈來愈多的品牌投入。

5. 專賣店

以年輕客層為主，通路據點仍多在都會區，屬新興的通路零售端點形式，如美體小舖。

(三)代言人策略

1. 周慧敏代言REVITAL系列產品

2004年8月周慧敏首次復出，以高雅的形象和智慧的內涵，經過眾多商界、文化界、時裝界、演藝界以及專業人士挑選，並歷經多輪評選後，最後獲得資生堂日本總部的青睞，成為資生堂「REVITAL」質純防皺眼膜品牌的代言人。

2. 篠原涼子、伊東美咲、蛯原友里、栗山千明代言MAQuillAGE美人心機系列

2006年1月資生堂請來了日本超人氣女星篠原涼子、伊東美咲、蛯原友里、栗山千明等四位女星為MAQuillAGE美人心機系列擔任代言及廣告拍攝工作，這四位日本當紅女星分別詮釋出酷酷女人味、休閒自然感、可愛清新及浪漫自然等四種形貌的美女，足以涵蓋女性四大族群，讓各個族群的女性都能有仿效尊崇的對象。

(四)宣傳廣告策略

1. 電視廣告CF

想像力廣告，往往能激發購買力。

資生堂之所以歷久不衰，除產品質量精益求精，不斷更新替換，跟上時代潮流之外，成功的經驗之一是，開展各種具有獨特風格的廣告宣傳，特別是其有豐富想像力的廣告設計構思，強力地激發了消費者的購買欲望，為資生堂的產品開拓了廣闊的市場。

例如：MAQuillAGE秋冬新廣告，以日本明星栗山千明為主軸；資生堂男性用品廣告。

2. 雜誌

大部分女性獲得流行資訊都是從報章雜誌管道取得，其次才是電視、廣

播，因此資生堂在各流行雜誌中的內頁刊登平面廣告，主打當季產品，主要是搭配雜誌月刊的流行性，而比較少在雜誌中強打品牌形象的廣告。

3. 新聞網頁

資生堂美肌戀人系列，利用Yahoo奇摩大流量的新聞頻道，以結合新聞首頁內容的方式呈現，除了豐富產品廣告的表現手法、表現產品質感，也吸引目標消費族群的目光。

4. 聊天室平臺

資生堂為了告知消費者叛逆脣彩上市訊息，以偶像代言人伊東美咲為網路行銷發想原點，透過Yahoo奇摩影音技術及聊天室平臺的結合，於活動當天，現場直播伊東美咲與網友聊天實況，並於Yahoo奇摩全站1,800個聊天室同步播出，網友可隨時發問，隨問隨答。當天30分鐘內就吸引超過數萬名網友同步觀看，相關網頁瀏覽者也超過15,000人次。

5. 陳列架DM

在各百貨公司的資生堂專櫃裡，擺放各系列產品的DM，提供消費者自行取閱，除了讓資生堂的愛好者更了解自家所有產品外，也可以吸引其他新消費族群。

6. 燈箱廣告

在機場、火車站或是捷運站內的動線旁刊登燈箱廣告，不論是提升品牌形象，或是告知最新產品訊息，都可獲得效益。因為機場、火車站、捷運都是平常人潮進出最頻繁的地方，所以不論是要強打的女性族群，或是即將慢慢擴展的男性市場，都可以在這些地方獲取目光。

㈤促銷策略

在特定的節日進行化妝品的促銷，例如：百貨公司週年慶、母親節、生日慶等，推出滿千送百或是特惠方案組合。以SOGO百貨為例，在促銷檔期內，化妝品區向來是人氣聚集點之一，首日總能吸引數千人在開門前排隊搶購，主力業種就是一樓的化妝品。而資生堂也在2006年年底的週年慶活動中，於化妝品中獲得第二高的業績。不過很多品牌平常會將試用包、旅行尺等贈品，直接放到櫃上讓顧客領取，但是在母親節檔期，各個品牌變得斤斤計較，把試用包、旅行尺等贈品價格加在原價中，再來算折扣，這對消費者來說，所花的錢其實也包含了贈品價格，所以並沒有比較便宜。不過在特定節日推出特惠商品組往往都能業績翻紅，只能說這真是成功的促銷活動。

㈥銷售人員策略

現在的化妝品市場競爭激烈，各家化妝品所主打的產品也不盡相同，有的主打彩妝，有的強調保養品，所以每個化妝品專櫃在應徵銷售人員時，都會挑選出最符合品牌形象的人員，不論是臉蛋、氣質、身高等，都要能襯托出自家品牌的品味，所以專櫃銷售人員也是屬於代言人行銷的一環。資生堂化妝品有東京櫃和國際櫃的產品線，因此仔細觀察專櫃小姐的外型，不難發現其中的差異。東京櫃的銷售人員相較於國際櫃的人員來得嬌小，氣質也較清新脫俗，而國際櫃的銷售人員則比較大方，臉蛋的輪廓也較明顯。化妝品銷售人員銷售的不僅是化妝品本身，而是銷售如何美化女性的生活，進而創造出消費者的購買欲望。

㈦網路行銷策略

太陽系最強，ANESSA活動網站上線。

活動的主題是夏日陽光季，ANESSA讓你夏季旅行不用擔心曬黑，活動單元有：

1. 美人藍天戲水計畫

QA作答成功後，就可以下載ANESSA休閒防曬露試用品兌換券。

2. 安耐曬送你去度假

現在起買ANESSA就有機會二人同遊峇里島，本單元告訴你如何讓安耐曬為你實現藍天戲水計畫。

3. 最強夏日海洋行程

資生堂與燦星合作推出最強夏日海洋行程，前五百名訂購者送ANESSA夏日旅行組，同時還週週抽三組ANESSA最強防曬組。

4. 蛯原友里專區

最新的ANESSA廣告中，美麗的泳裝明星讓你臉紅心跳嗎？她是日本的超人氣名模蛯原友里，這裡有她的基本資料、桌布下載與線上CF欣賞。

㈧價格策略

資生堂採中高價位，一般消費者較可以負擔。因為它的消費族群分布很廣，所以其價位就取中間值。

㈨美容中心策略

　　資生堂會員美容中心（S.C.B.C.）提供了一座結合精緻、尊貴、自在的空間，讓每位會員在放鬆之餘，養成絕美無瑕的優質嫩肌。以「精緻服務」為目標的S.C.B.C.成立於2003年，這匠心獨具的空間設計，還獲得日本DDA設計大賞，透過這裡的空間陳列與服務理念，資生堂希望每一位會員都能於此親身體驗一場心靈與身體的全然放鬆。

㈩CRM策略

　　資生堂將會員分為兩類，分別為「S-Club會員」和「資生堂網站會員」，經由消費加入的是S-Club會員，而透過網站申請加入的就是網站會員，兩種會員的加入方式與會員權益也都不一樣。
　　S-Club會員權益：
　1. 年度消費金額積點。
　2. 會員美容服務中心免費參加各項美學講座。
　3. 免費修眉服務。
　4. 櫃上領取「美化人生」會員刊物。
　5. 獲得最新產品訊息。
　6. 資生堂異業結盟商店提供之各項優惠及服務。
　7. 年度消費滿2萬元以上，免費寄送美化人生刊物，並享有隔年參加不定期藝文活動或講座之資格。
　8. 年度消費滿4萬元以上，隔年除享上述權益外，可至會員美容服務中心（臺北、高雄）獨享專業護膚一次（全程120分鐘）。
　9. 有未盡事宜的會員權益或會員活動，將不定期公布於資生堂網站或會員刊物上。
　10. 回饋禮累積方式及兌換。
　11. 消費結帳前請出示會員卡累積消費金額。
　12. 點數累積以一年為單位（1/1～12/31）。

㈩一服務策略

　1. 網路部分：有別於一般開架式化妝品廠商或線上化妝品購物網站，資生堂所強調的服務精神，係為每一位資生堂美容顧問都願意誠心的與客戶們進行深度懇談服務，了解客戶的想法與需求。
　2. 配合最專業的儀器檢測膚質：為顧客建議出最合適的使用產品，資生

堂希望每一位客戶都能更自信、更美麗。

3. 聚點部分：資生堂在每個專櫃都會有專業的美容師為客人服務，有產品解說、試妝、做臉、膚質檢測等。不管是在屈臣氏或是百貨公司所設的專櫃，都享有一樣的服務。由於百貨公司裡的顧客較多，所以在時間分割下，每個人被服務的時間也相對較少。

㈤行銷績效

臺灣資生堂營業額居第二名，僅次於SK-II，是臺灣地區第二大化妝品牌。資生堂的產品，在各大美容藥妝雜誌上，經常有著很高的評價，也是各大美容獎項的常客，簡列一些得獎紀錄如下：

1. 資生堂驅黑淨白露
   ⑴囊括了2005年主流美容雜誌的年度美白大賞獎，包括FRAU的34位專業美容評審試用推薦。
   ⑵資生堂驅黑淨白露系列「BEST COSMETIC」，並得到「美白救世主」的美譽。
   ⑶拿下*VOGUE*雜誌該年度最佳美白大賞第一名。
   ⑷*Can Can*雜誌年度票選女性最愛美白精華液第一名。
   ⑸*Ray*雜誌年度最佳美白產品。
2. *with*日文版「最流行、熱門的化妝品」專刊報導
   ⑴唇蜜第一名：資生堂，PN天使唇印。
   ⑵口紅第一名：資生堂，美人心機、閃炫唇膏。
   ⑶眼影盤第二名：資生堂，美人心機、瞳四色眼影。
   ⑷單色眼影第一名：資生堂，戀愛魔咒。
   ⑸腮紅第二名：資生堂，戀愛魔咒、血色幻彩露。
   ⑹粉餅第二名：資生堂，美人心機。
   ⑺美麗佳人國際大賞：資生堂，美透白精華素、柔膚水、活膚乳。
   ⑻倫敦國際廣告大獎（LIAA）Interactive Media類Cosmetics。
3. 《讀者文摘》非常品牌票選活動彩妝類：資生堂。
4. UrCosme人氣品牌賞。

〈案例 7〉LEXUS（凌志）汽車

㈠品牌總定位：「專注完美、近乎苛求」

1. LEXUS在1989年首度正式在美國上市，問世兩年便成為美國的暢銷車款，1997年正式在臺上市。
   就像LEXUS汽車的流行廣告標語：「專注完美、近乎苛求」一樣，深植在消費者心中。
2. LEXUS汽車部門的負責員工，也都緊跟著此八個字的信念，在(1)行銷工具；(2)宣傳手法；(3)選擇媒體；(4)售後服務等，把「專注完美、近乎苛求」的品牌精神徹底執行。
3. 2005年度，LEXUS汽車進口總數量超過雙B汽車，這都要歸功於LEXUS汽車行銷策略的成功，並且持之以恆的推動，真正做到了「清楚市場且全方位貫徹經營」。

㈡精準描繪目標族群

1. 1997年LEXUS首度進口及研討行銷策略時，面對雙B、VOLVO、AUDI、JAGUAR等高級車已占有臺灣高級車九成市場，挑戰非常大。
2. 但LEXUS汽車最初便先精準的描繪出目標族群，並從中發展契合的策略。
3. LEXUS汽車的目標族群年齡層較為年輕富有但低調，喜歡接受新事物，樂於挑戰及創新。因此，LEXUS汽車希望以「專注完美、近乎苛求」的行銷理念，讓目標族群感受到他們的品質及服務也一樣的執著。

㈢提供周全的顧客服務及試乘活動──小眾市場的高檔服務

1. 早期高級汽車市場由於太過穩固，容易導致比較忽略顧客服務這一環，因此LEXUS即趁勢提供周全的顧客服務及試乘活動，果然帶來不錯的回應。
2. 由於LEXUS汽車從新臺幣160萬到450萬元都有，其中又分為高級房車的頂級、中階及入門款三種，消費族群特色相當明顯，因此，LEXUS開始經營分眾市場。
3. 在2005年時，於頂級車款上市前，在中部日月潭舉辦兩天一夜的試乘及晚宴活動，當時大約有五百名潛在消費者參加，最後，在一個月內，有實際購車的消費者更高達二成，效果驚人。

4. 另外，LEXUS透過市調發現，車主高達65%會習慣性參加藝文活動。因此，從1998年開始，LEXUS每年度即開始贊助紐約愛樂音樂會、維也納音樂會、基洛夫芭蕾舞團，並保留現場座位給LEXUS車主優惠或免費觀賞，讓他們感到有附加價值。

㈣運用電視媒體及雜誌媒體

1. 由於大眾媒體電視的功能，在傳播品牌知名度方面，仍有一定效果，因此到2007年止，LEXUS每年仍有不少廣告量放在電視媒體上。同時，打開新聞頻道、Discovery或國家地理頻道，還是經常看到LEXUS汽車廣告及其ending用語：「專注完美、近乎苛求」，令人印象深刻。
2. 此外，在分眾雜誌媒體中，例如：建築師、醫師等專業刊物，也是LEXUS平面廣告的選擇之一。

㈤面對不景氣，業績仍能微幅成長3%

1. 臺灣在2006年及2007年兩年中，汽車市場陷入下滑的趨勢，整體衰退10～20%之間，全年銷售量從45萬輛下滑到36～38萬輛之間。但是LEXUS在這兩年，仍有3%的微幅成長，實在難能可貴。尤其，2007年推出的最高級LEXUS 460 LS加長旗艦車，原訂進口800輛販賣，結果賣了1,200輛，每輛價格為400～450萬元之間，超過了原訂目標業績。
2. 未來如何在高級汽車市場中做到⑴更有差異化特色；⑵更好的顧客服務；則是LEXUS汽車兩大持續努力的行銷目標。

Part 4
品牌發展模式、品牌策略

第12章　品牌發展模式與品牌策略選擇

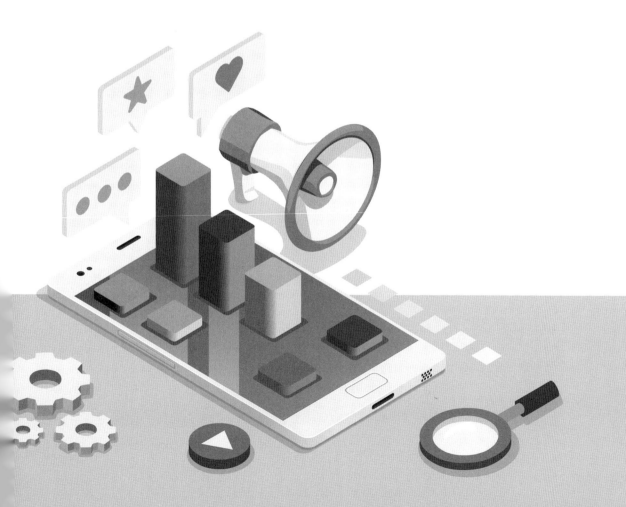

品牌發展模式與品牌策略選擇

第一節　品牌策略的類型

品牌模式的三種決策（策略）

㈠家族單品牌策略

例如：歐洲的維京（Virgin）企業集團，包括維京航空、維京快遞、維京鐵路、維京可樂、維京牛仔褲、維京音樂，均採同一個單一化的家族品牌名稱。

㈡多品牌策略

1. 每一個產品皆賦予一個獨立不同的品牌。
2. 如P&G公司旗下有八十多種品牌，每個品牌都各自獨立。
3. 如法國萊雅（L'ORÉAL）化妝美容保養集團，全球也有十七個知名品牌。

㈢母子品牌策略

即母公司品牌＋個別品牌，例如：TOYOTA汽車為母公司品牌加上各種個別品牌，如CAMRY、ALTIS、YARIS、Sienta、WISH、Corona等。

第二節　多品牌策略與品牌延伸策略

一、採用多品牌（Multi-brand）策略的七大原因

㈠商品陳列架的空間有限

零售市場上，商品陳列架的空間有限。每個品牌的競爭激烈，依產品可分配的上架空間有限。採多品牌陳列，加總所占的空間自然較多。

㈡可抓住一些品牌轉換者的消費族群

所謂消費者的忠誠亦成疑問，消費者為了嘗試新產品，經常轉換品牌以比較優劣，廠商推出多品牌，可以抓住這些品牌轉換者的消費族群。

㈢較易激發組織內部的效率和競爭

從廠商本身而言，多推出新品牌，較易激發組織內部的效率與競爭。例如：寶僑公司和TOYOTA汽車公司的多品牌政策，可以激勵品牌間的士氣和競爭效率。

㈣利於不同市場區隔

廠商運用多品牌策略，較利於不同的市場區隔。消費者對各種訴求和利益有不同的反應，不同品牌間縱然差異不大，但也可以激起消費者的反應。

㈤對總業績有幫助

寶僑公司的洗髮精產品共推出五個品牌，包括采妍、海倫仙度絲、潘婷、飛柔和沙宣。品牌相互競爭後，個別品牌的市場占有率可能略損，但五者總銷售量卻增加了。雖然許多人認為，多品牌競爭會引起企業內部自家單位間經營各自品牌、自相殘殺的局面，但寶僑則認為，最好的策略就是自己不斷攻擊自己。這是因為市場經濟是競爭經濟，與其讓對手開發出新產品去瓜分自己的市場，不如自己向自己挑戰，讓企業本身各種品牌的產品分別占領市場，以鞏固自己在市場的領導地位。

（六）廠商為尋求更高市場占有率的目標與更大的銷售利潤。

（七）新品牌終有一天也會變成舊品牌

為了確實把握未來的市場，必須不斷推陳出新，永遠讓客戶感覺是一家創新與活力之廠商。

二、多品牌策略應注意要點

1. 產品定位與目標市場之方向，應與原有品牌有所區隔。
2. 如果沒有顯著區別，應考慮是否會搶走原有品牌之客戶，而無法達成銷售量增加之目的。
3. 如果實施多品牌策略之後，每個品牌只占很小的市場占有率，並且沒有一個品牌是特別獲利的；此時，應檢討是否投注了太多資源在許多不太成功的品牌上，有資源使用效率不佳之處。
4. 新品牌在實質上或行銷手法上，是否與原有品牌有若干區別，而能讓消費者接受。

三、品牌延伸策略的案例

1. Disney卡通→Disney主題樂園→Disney Channel頻道。
2. 中華電信HiNet→中華電信ADSL。
3. 東森電視臺→東森電視購物。
4. 長庚醫院→長庚大學。
5. 《聯合報》→聯合新聞網。
6. 三菱汽車→三菱電機→三菱銀行→三菱商事。
7. 統一企業→統一超商。
8. 富邦銀行→富邦產險。
9. 新光人壽→新光銀行。
10. 遠東集團→SOGO百貨。
11. 台灣大哥大→台灣固網。
12. SONY家電→SONY影片公司→SONY音樂。
13. 三星電子→三星手機。
14. Panasonic電視機→Panasonic DVD機。
15. 東元馬達→東元洗衣機。
16. 六福客棧→六福村。

17.台塑企業→台塑石油。

四、採用品牌延伸的原因

(一)容易為新產品打開市場

由於既有品牌已獲取相當地位與印象，如果新產品能經由此途徑行銷，將易於讓消費者有所認識與信賴。

(二)減少推廣費用支出

使用品牌延伸，可減少一個完全新的品牌在推廣費用上的支出，而又能達到預期的銷售目標。

利用品牌延伸要比推出全新的品牌更容易成功，其理由十分明顯：

1. 根據凱菲爾1992年的報告中指出，只有30%的新品牌能存活三年以上，但如果是依附在既有品牌下問世，存活率則提高到50%。

2. AC尼爾森（AC Nielsen）的報告，針對一百一十四件新產品上市的案子進行研究，顯示新產品在上市二年後，與依附在既有品牌的產品相比，前者的市場占有率為後者的2倍。

3. 另一項報告則指出，引進美國超市十年以上的日常消費用品中，銷售能超過1,500美元的成功商品，有三分之二是既有品牌的現狀延伸。

五、品牌延伸的誤區（陷阱）

1. 損害原有品牌的高品牌形象。
2. 品牌淡化（推出太多品牌，強調太多重點，使人混淆）。
3. 心理衝突。
4. 蹺蹺板效應（一邊產品變好，一邊產品變差）。

六、品牌（產品）延伸的優點

1. 節省廣宣成本。
2. 增加貨架陳列面及空間，開拓市場領域。
3. 滿足消費者對新產品的欲望。
4. 增加競爭者進入障礙。
5. 強化品牌聯想。
6. 降低產品上市失敗風險。

7. 擴大企業發展版圖。

七、品牌（產品）延伸的缺點

1. 易使消費者對品牌產生混淆及失焦現象，以致削弱原品牌的聯想。
2. 延伸若失敗，可能造成稀釋家族品牌的不利結果。
3. 品牌過多，將分散公司投入的資源配置及選擇。

第三節　通路商「自有品牌」策略

一、通路商自有品牌之意義

通路商自有品牌之意義，係指由通路商自己開發設計，然後委外加工，或是研發設計與委外代工全交由外部工廠或設計公司執行的過程，然後掛上自己的品牌名稱，此即通路商自有品牌的意思。

此處的通路商，主要指大型零售通路商，包括便利商店（7-ELEVEN、全家）、超市（全聯）、量販店（家樂福、大潤發、愛買）、美妝藥妝店（屈臣氏、康是美）。此外，也包括百貨公司（新光三越百貨、遠百、遠東SOGO等）自行引進的代理產品。

二、通路商品牌與製造商（全國性）品牌之區別

1. 早期的品牌，大致上都以製造商品牌（或稱全國性品牌）為主，英文稱為Manufactor Brand或National Brand（MB或NB），包括像統一企業、味全、金車、可口可樂、P&G、聯合利華、花王、味丹、維力、雀巢、桂格、TOYOTA、東元、大同、歌林、松下、SONY、裕隆、大成長城、舒潔、好來牙膏等，均屬於全國性或製造商公司品牌，他們都是擁有在臺灣或海外的工廠，然後自己生產並且命名產品的品牌。
2. 而到了最近，通路商自有品牌出現了，其英文名稱可稱為「retail brand」（零售商品牌）或「private brand」（自有、私有品牌）等。此意係指零售商開始想要有自己的品牌與產品，因此委託外部的設計公司與製造工廠生產，然後掛上自己所訂定的品牌名稱，放在貨架上出售，此即通路商自有品牌。目前，包括統一超商、全家便利商店、家樂福、大潤發、愛買、屈臣氏、康是美等，均已推出自有品牌。

三、通路商發展自有品牌的利益點或原因

　　為什麼零售通路商要大舉發展自有品牌放在貨架上與全國性品牌相互競爭呢？主要有以下幾項利益點：

㈠自有品牌產品的毛利率比較高

　　銷售自有品牌產品的獲利，通常高出販售全國性製造商品牌的產品率。換言之，如果同樣賣出一瓶洗髮精，家樂福自有品牌的獲利，會比潘婷洗髮精製造商品牌的獲利更高一些。

　　過去，傳統製造商成本中，以品牌廣宣費用及通路促銷費用占比頗高，幾乎均達到40%左右。但零售商自有品牌在這兩個40%的部分，幾乎可以省下來，最多只支出10%而已。因此，利潤自然高出三至四成，既然如此，何必全部跟製造商進貨，自己也可以委託生產來賣，這樣賺得更多。當然，零售商也不會完全不進大廠商的貨，只是說減少一部分，而以自己的產品替代。

> **例　舉**
>
> 　　某洗髮精大廠，一瓶洗髮精假設製造成本100元，加上廣告宣傳費20元及通路促銷費與上架費20元，再加上廠商利潤20元，故以160元賣到家樂福大賣場，家樂福自己假設也要賺16元（10%），故最後零售價定價為176元。
>
> 　　但現在如果家樂福自己委外代工生產洗髮精，假設製造成本仍為100元，再分攤少許廣宣費10元，並決定要多賺些利潤，每瓶想賺32元（比過去的每瓶16元增加1倍），故最後零售價定價為：100元+10元+32元=142元。此價格比向大廠商採購進貨的176元定價仍低很多。因此，家樂福自己提高了獲利，同時降低了該產品的零售價，消費者也樂得購買。

㈡微利時代來臨

　　由於國內近幾年來國民所得增加緩慢，貧富兩極化日益明顯，M型社會來臨，物價有些上漲，廠商競爭者多，每個行業都是供過於求，再加上少子化及老年化，以及兩岸關係停滯，使臺灣內需市場並無成長的空間及條件。總的來說，就是微利時代來臨了。面對微利時代，大型零售商自然不能坐以待斃，因此就尋求發展具有較高毛利率的自有品牌產品了。

㈢發展差異化策略導向

以便利商店而言,小小的30坪空間,能上貨架的產品並不多,因此,不能太過於同質化,否則會失去競爭力及比價空間。因此,便利商店也就紛紛發展自有品牌產品。例如:統一超商有關東煮、各式各樣的鮮食便當、open小將產品、7-ELEVEN茶飲料、嚴選素材咖啡、CITY CAFE現煮咖啡等上百種之多。

㈣滿足消費者的低價或平價需求

在通膨、薪資所得停滯及M型社會形成下,有愈來愈多的中低所得者,愈來愈尋求低價品或平價品。所以,到了各種賣場週年慶、年中慶、尾牙祭以及各種促銷折扣活動時,就可以看到很多消費人潮湧入,包括百貨公司、大型購物中心、量販店、超市、美妝店,或各種速食、餐飲、服飾等連鎖店,均是如此現象。

㈤低價可以帶動業績成長,又無斷貨風險

由於在不景氣情況、M型社會及M型消費下,零售商或量販店打的就是「價格戰」(price war)。因此,零售通路業者可以透過自己的低價自有品牌產品,吸引消費者上門,帶動整體銷售業績的成長。

另外,更重要的是,此舉可以避免全國性製造商業者不願配合量販店促銷時的斷貨風險。

四、什麼自有品牌產品最好賣?

並不是每一樣自有品牌產品都會賣得很好,必須掌握幾項原則:
1. 與人體健康品質並無太大想像關聯的一般日用產品及簡單性產品。例如:家樂福的牙線、棉花棒等產品市占率高達70%;大潤發的大拇指衛生紙在店內市占率第一,其次是燈泡等。
2. 與知名全國性品牌的產品類別能有所避開者。例如:自有品牌產品的沐浴乳、化妝品、保養品等就不會賣得太好。
3. 自有品牌產品若能具有設計、功能、包裝、成分、效益等獨特性與差異化,則比較能賣得好。

五、國內各大零售通路商發展自有品牌現況

(一)統一超商經營自有品牌現況

1. 自有品牌占總營收二成，約200億元，是創造利潤的主要來源

7-ELEVEN自有品牌產品以鮮食食品、飲料及一般用品為主，目前已有二百種品項，2009年度約為總營收占比的二成，約200億元。7-ELEVEN希望從高價值感來做切入，發展自有品牌，以獨特性及與消費者情感的連結度，以及「創意設計、安心、歡樂感」為主軸，滿足消費者平價奢華的需求，破除一般消費大眾認為自有品牌即是「量多價低」的觀念。

2009年，7-ELEVEN以低於一般商品售價的包裝茶飲料切入市場，並邀請日本知名設計師為產品及包裝設計操刀，一上市即拿下銷售第一。未來，包括包裝水、咖啡及奶茶等較不受季節性影響的飲料，也將陸續上市。通路自有品牌對於既有的市場將出現洗牌作用，已經讓所有製造業者備感壓力。

依照過去統一超商上市公司的財務年報來看，其毛利率約30%，而稅前獲利率約在5～6%之間。未來，如果自有品牌營收占比提高到三成、四成或五成時，其毛利率及稅前獲利率也可能會跟著拉高；故自有品牌產品在統一超商內部也被稱為「make profit」（創造利潤）的重要來源。

2. 統一超商自有品牌與品項
(1)CITY CAFE（現煮）。
(2)思樂冰。
(3)鮮食商品：御便當、飯糰、關東煮、飲料、光合農場（沙拉）、速食小館（餃類、麵食、湯羹）、麵店（涼麵）、巧克力屋（黑巧克力、有機巧克力等）。
(4)open小將：經典文具收藏品、生活日用品、食品、飲品、零嘴。
(5)嚴選素材冷藏咖啡。
(6)7-ELEVEN茶飲料。
(7)其他（陸續開發中）。

(二)家樂福自有品牌經營現況

家樂福的自有品牌涵蓋類別很廣，從飲料、食品橫跨到文具、家庭清潔用品、大小家電，應有盡有，品項約有二千一百種，占總營收的一成五。

1. 提供自有品牌的三大保證

保證1：傾聽心聲，確保新品開發符合需求。

傾聽消費者的期待，經專業的市場分析後，進行開發新產品。

保證2：嚴格品選，確保品質合乎期待。

與市場領導品牌比較後，品質等同或優於領導品牌，但售價低於市價10～15%。

保證3：精選製造廠，確保製程嚴格控管。

家樂福委託SGS臺灣檢驗科技股份有限公司專業人員進行評核及定期抽檢，以控管其作業符合標準。

註：SGS集團服務於檢驗、測試、鑑定與驗證領域中，遍布全球一千多個辦公室及實驗室，提供全球性網狀服務，以及品質及驗證服務。

2. 以顏色區隔不同等級的商品（2007年底修正推出三種等級）

家樂福三種自有品牌

 白底搭配紅色商標，是賣場中最低價系列「家樂福超值商品」（Carrefour value），品項涵蓋數量超過六百種，以低於市場領導品牌 20 ～ 30% 的價格，吸引沒有特定品牌喜好的消費者，包括衛生紙、洗衣精、米等。

 藍底或是反白商標設計的「家樂福商品」（Carrefour product），強調品質與市場領導品牌不分軒輊，但價格低 10 ～ 15%，目前有一千六百種商品。

 黑底加上金色 logo 是特別標榜高品質及獨特性的「家樂福精選商品」（Carrefour premium），產品概念、原料、生產流程都以符合嚴格標準為原則。

㈢屈臣氏自有品牌經營現況

屈臣氏自有品牌的品項大約占店內商品5%左右，營業額占總營收的一成以上，包括藥物、健康副食品、化妝品和個人護理用品，以及時尚精品、糖果、心意卡、文具用品、飾品和玩具等，自有品牌品類幾乎橫跨所有十七個品類，光是2009年就增加五十二個新品項，總計也有四百個品項，平均每十位來店的顧客之中，就有一位選購屈臣氏的自有品牌商品，以銷售業績來看，自有品牌商品近年營業額每年都以二位數字成長。

屈臣氏自有品牌名稱與品項：

1. Watsons：吸油面紙、溼紙巾、衛生紙、袖珍面紙、紙手帕、廚房紙巾、盒裝面紙、衛生棉、免洗褲、免洗襪、輕便刮鬍刀、輕便除毛刀、嬰兒用品系列、電池。
2. Miine：沐浴用具、美妝用具、髮梳用具、棉織品。
3. 小澤家族：洗髮精、沐浴乳、護髮霜、造型系列、染髮系列。
4. 蒂芬妮亞（護膚系列）：洗面乳、化妝水、乳液、面膜、吸油面紙、護手霜等。
5. 歐芮坦（家用品系列）：洗衣粉、洗衣精、室內芳香劑、衣物芳香劑、除塵紙。
6. 男性用品：洗面乳、洗髮精、沐浴乳。
7. 吉百利食品：甘百世食品。
8. OKIDO：凡士林。
9. 優倍多：保健食品。

㈣大潤發

大潤發的自有品牌「大拇指」，目前約有二千項，如衛生紙、家庭清潔用品、個人清潔用品、燈泡、礦泉水、包裝米、飲料沖調食品、休閒零食、罐頭、泡麵、調味料、內衣襪帕等，應有盡有，滿足顧客生活需求，且以食品類最多。其中，業績最好的為寵物類商品，其次是照明與家具類；其他商品以抽取式衛生紙賣得最好。

㈤愛買

愛買「最划算」品牌，以平均低於領導品牌10～20%的價格，推出食品、雜貨、文具、五金、麵條、醬油等日常用品，其中衛生紙銷售量居所有自營品牌商品之冠。商品總數約一千項，平日「最划算」系列業績可達整體的2%

左右，每週二會員日則可飆升至5%。未來會主推酒類的自有品牌，並將衛生紙、飲用水等產品占比提高至30～35%。

茲列示國內三大量販店目前自有品牌的操作狀況，如下表：

公司	自有品牌商品數量	總店數	自有品牌名稱	自有品牌的營收占比
家樂福	2,100 項	200家	1. 超值（低價） 2. 家樂福（平價） 3. 精選（中高價）	900億×5% ＝ 45億元
大潤發	2,000 項	23家	1. 大拇指 2. 大潤發 3. 歐尚	250億×5% ＝ 12.5億元
愛買	1,000 項	15家	1. 最划算 2. 衛得	100億×5% ＝ 5億元

六、製造商從抗拒代工到變成合作夥伴

最早期的製造商是採取抵制、抗拒、不接單的態度，如今已有部分大廠商改變態度，同意接零售商的OEM訂單，成為「製販同盟」（製造與銷售同盟）的合作夥伴。例如：永豐餘紙廠為量販店代工生產衛生紙或紙品，黑松公司、味丹公司等，也代工生產飲料產品。

主要原因如以下幾點：

1. 製造商體會到低價自有品牌產品已是全球各地的零售趨勢，這是大勢所趨，不可違逆。
2. A製造商如果不接訂單，那麼B製造商或C製造商也可能會接，最後還是會有競爭性。既然如此，為何自己不接單生產，多賺一些生產利潤呢？
3. 製造商若抗拒不接單配合生產，那麼，往後在通路為王的時代中，將會被通路商列入黑名單，對往後的通路上架及黃金陳列點之要求，也可能會遭到通路商拒絕。

七、日本通路商發展自有品牌概況——有助廠商提升成本競爭力

日本零售流通業發展自有品牌的歷史比臺灣要早一些，目前日本7-ELEVEN公司的自有品牌營收占比已達到近40%，遠比臺灣統一超商的10%還要高出很

多，顯示臺灣未來發展自有品牌的成長空間仍很大。

另外，日本大型購物中心永旺零售集團旗下的超市及量販店，在最近幾年也紛紛加速推展自有品牌計畫，從食品、飲料到日用品，超過了三千個品項，目前占比雖僅5%，但未來可達到20%。

日本零售流通業普遍認為PB自有品牌的加速發展，對OEM代工工廠而言，很明顯地帶來的好處之一，就是它可以有效帶動代工廠的成本競爭力之提升，各廠之間也有了切磋琢磨的好機會與代工競爭壓力。

八、零售通路 PB 時代來臨

㈠PB時代環境日益成熟

從日本與臺灣近期的發展來看，似乎可以總結出臺灣零售通路PB（自有品牌）時代確實已來臨。而此種現象，正是外部行銷大環境加速所造成的結果，包括M型社會、M型消費、消費兩極化、新貧族增加、貧富差距拉大、薪資所得停滯不前、臺灣內需市場規模偏小、跨業界限模糊與跨業相互競爭的態勢出現及微利時代等，均造成PB環境的日益成熟。而消費者要的是便宜、平價且「品質又不能太差」的好產品，此乃「平價奢華風」之意涵。

㈡全國性廠商正面臨PB的相互競爭壓力

PB環境愈成熟，全國性廠商的既有品牌也就跟著面臨很大的競爭壓力。全國性廠商的品牌市占率，必然會被零售通路商分食一部分。

㈢全國性廠商的因應對策

到底會分食多少比例呢？這要看未來的各種條件狀況而定，包括不同的產業／行業、不同的公司競爭力及不同的產品類別等三個主要因素。但一般來說，PB所侵蝕到的，有可能是末段班的公司或品牌，前三大績優全國性廠商品牌所受到的影響，理論上應不會太大。因此，廠商一定要努力：1.提升產品的附加價值，以價值取勝；2.提升成本競爭力，以低成本為優勢；3.強化品牌行銷傳播作為，打造出令人可信賴且忠誠的品牌知名度與品牌喜愛度。此外，中小型廠商可能必須轉型為替大型零售商OEM代工工廠的型態，賺取更為微薄與辛苦的代工利潤，行銷利潤將與他們絕緣。

本章習題

1. 試說明品牌模式有哪三種決策？
2. 採用家族品牌策略之考量因素為何？
3. 採用個別品牌策略之考量因素為何？
4. 採用副品牌策略之考量因素為何？
5. 試分析很多廠商採用多品牌策略之七大原因何在？
6. 試分析廠商採用多品牌策略時，應注意哪些要點？
7. 試圖示從產品生命週期來論，品牌競爭策略為何？
8. 廠商採用品牌延伸之理由為何？有哪四種陷阱要留意？
9. 採用副品牌策略之優點何在？
10. 試說明品牌全球化的三種執行策略為何？
11. 何謂NB品牌與PB品牌？
12. 試說明國內家樂福推動PB品牌的狀況為何？
13. 試說明零售商推出自有品牌之原因為何？
14. 試說明統一7-ELEVEN推動PB品牌的狀況為何？

Part 5

臺商如何做海外品牌經營

第13章　外銷廠商如何做自有品牌行銷海外

外銷廠商如何做自有品牌行銷海外

一、第一步：先評估可行性、影響性與風險性

㈠過去接單

1. OEM（委託製作代工）。
2. ODM（委託設計代工）。

㈡未來業務

OBM（自創品牌、自創業務）。

㈢評估

1. 影響性（大或小）。
2. 風險性（高或低）。
3. 可行性（大或小）。

二、外銷廠商自有品牌可行性七項評估要點

1. 原來OEM國外訂單斷單的可能性及影響性？
2. 斷單後，對我們的影響有多大？是否可承受？風險最大為何？
3. 自有品牌成功的機率有多大？
4. 自有品牌操作的人才、資金是否準備好了？
5. 國內外同業的發展經驗與借鏡如何？
6. 自有品牌是否為未來必走之路？不走就沒有未來嗎？
7. 走自有品牌之路的SWOT分析為何？

三、OEM 代工優缺點

㈠優點

1. 短期性的穩定訂單來源。
2. 不必自己花心力打開國際市場。
3. 專心做好製造。

㈡缺點

1. 沒有長期性。
2. 利潤微薄。
3. 企業生命操控在國外廠商手上。
4. OEM訂單有可能會中斷，而必須裁員或放無薪假。

四、自有品牌優缺點

㈠優點

1. 利潤較高（賺行銷利潤）。
2. 企業生命操控在自己手上。
3. 可長遠性、永續性經營。
4. 短空長多。
5. 培養國際行銷能力。

㈡缺點

1. 須冒一些風險性。
2. 須備好人才與資金。
3. 須更花心思與辛苦。
4. 國外廠商會斷單，短時間無訂單收入。

㈢抉擇

做代工✗；做自有品牌✓。
結論：走自有品牌之路。

五、第二步：經營策略的選擇與決定

1. 決定逐步走或一步到位（即OEM訂單全部不接，或逐步放掉）。
2. 決定全部產品線或部分產品線做自有品牌。
3. 決定哪些國家地區的市場可先做自有品牌，或是一起做。
4. 決定未來的一個時間點，然後全面啟動自有品牌。

六、第三步：上報董事會，呈請核准

1. 經營團隊撰寫分析報告與決定方向（董事長、總經理、各部門高階副總經理）。
2. 上報最高決策機構董事會，呈請董事會深入討論及做出核准。

七、第四步：準備好人才、資金與技術

長期備戰三項重點：1.團隊行銷人才（人才力）；2.長期、足量資金（財務力）；3.技術能力（技術力）。

㈠備好國際行銷人才團隊

1. 過去：單純OEM業務接單人才與能力。
2. 未來：複雜的國際行銷人才與國際行銷能力。

㈡備好長期打仗資金

1. 過去：穩定OEM接單的微薄利潤，但資金狀況足夠，不需煩惱。
2. 未來：
   ⑴可能斷單，中斷營收來源。
   ⑵打國際行銷，需要三至五年才能有一些成果，五至十年才能開花結果。
   ⑶備妥至少五年準備國際行銷操作的資金（至少好幾億元）。

八、第五步：舉行大會，昭告全體員工

董事長、總經理負責執行：
1. 召開各級幹部全體會議，告知決心走向自有品牌通路。
2. 發出內部e-mail訊息，讓全體員工知道及有心理準備。

九、第六步：設立「專責委員會」組織推動

1.設立各部門一級主管及外部學者、專家、顧問，組織推動委員會。

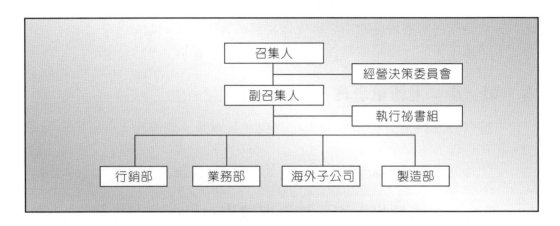

2.組織改變
  (1)過去：外銷部、外銷業務部。
  (2)未來：國際行銷事業部、全球行銷部、自有品牌事業部，徵聘具「國際行銷」能力的專業人才團隊。

十、第七步：展開全員教育訓練，轉換腦筋

1.認識走自有品牌的意義與功能、效益。
2.別人自有品牌成功案例分析。
3.走自有品牌應準備的工作事項與行動準則。
4.走自有品牌之路的願景（遠景）。

十一、第八步：改變企業文化（組織文化）與作業流程及制度

1.改變過去習慣OEM接單的企業文化。
2.建立走自有品牌的新企業文化。
3.修改走自有品牌的作業流程及制度。
    → ✗：OEM接單企業文化。
    → ✓：自有品牌行銷企業文化。

十二、第九步：決定海外市場主攻地區、國家及派遣 CEO（執行長）人選

㈠自有品牌展開行動

1. 決定國家、地區，並設立海外當地國子公司（subsidiary company）。
   例如：美國洛杉磯、紐約、德國柏林、英國倫敦、日本東京、中國大陸上海等。
2. 決定誰為各子公司的負責人選，即CEO或總經理。

㈡優先順序

先決定哪個國家、地區最優先主攻，先力求站穩單點成功，從點→線→面，全球行銷。

十三、第十步：自有品牌經營致勝的四個本質

1. 品質：堅持高品質。
2. 價格：合宜，不能太高，但也不能太低。
3. 服務：有良好售後服務體系。
4. 信賴：建立品牌的信賴感。

十四、第十一步：做好國際行銷 4P/1S 組合策略規劃

1. product：產品力規劃。
2. price：定價力規劃。
3. place：通路力規劃。
4. promotion：推廣力規劃。
5. service：服務力規劃。

十五、國際行銷通路規劃三種方式

1. 全部自己做
設立海外子公司、設立直營門市店、設立業務部門、徵聘業務人員。

2. 委託代理商做
不設立海外子公司，而尋找當地國代理商負責行銷經營。

　　3. 以上二種方式並進

　　依不同地區狀況，彈性應變處理。

十六、國際行銷通路結構模式

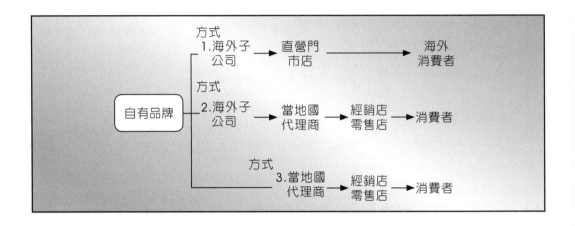

十七、國際行銷人才與 4P/1S 的舉例：在地化行銷

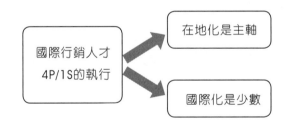

十八、在地化行銷

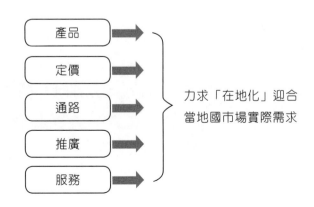

十九、以外商到臺灣做國際行銷爲例

1. 歐洲品牌情況：採全球化、一致性國際行銷。
2. 絕大部分外商：均採「在地化」行銷。

例如：飛柔、潘婷、iPhone、iPad、雀巢咖啡、克寧奶粉、善存、TOYOTA汽車、麥當勞、可口可樂、賓士汽車、BWM汽車等，均拍攝在地化電視廣告片、找在地化藝人做代言人、以當地國民所得定價、以當地通路結構行銷。

二十、海外推廣：人才在地化協助

臺灣外派人才有限，須落實人才在地化，運用當地人才幹部、代理商／經銷商。

二十一、海外自有品牌推廣：要花錢打廣告

1. 花大錢→當地國電視廣告（TVCF）、網路廣告。
2. 花小錢→當地國：
   (1) 大城市公車廣告。
   (2) 公關記者會、發表會。
   (3) 公關新聞報導露出。
   (4) 戶外看板廣告。
   (5) 參加當地展覽會。
   (6) 參加競賽獲獎。
   (7) 口碑行銷。
   (8) 網路行銷。

二十二、評估海外設立生產據點

行銷成功後，評估海外當地國市場規模夠大時，就值得設立海外工廠，使產銷一致。

二十三、定期檢討自有品牌績效

自有品牌海外推動績效，應注意：
1. 應定期（每月）檢討執行狀況與績效如何。
2. 不斷發掘問題點，並採取改善對策，力求自有品牌行銷成功。

二十四、海外自有品牌經營績效指標

　　1. 在當地國的品牌知名度多少？排名第幾？
　　2. 在當地國的銷售市占率多少？排名第幾？
　　3. 在當地國的顧客滿意度、品牌口碑、品牌好感度如何？
　　4. 在當地國的業績是否逐年有所成長？
　　5. 在當地國是否已獲利賺錢？

二十五、小結：自有品牌國際行銷成功

　　臺商自有品牌國際行銷名揚四海、享譽國際。
　　例如：ASUS、法藍瓷、捷安特等。

P art 6
總結論

第14章　必讀！品牌經營與行銷致勝的重點
　　　　歸納整理（203條黃金準則）

必讀！品牌經營與行銷致勝的重點歸納整理（203條黃金準則）

1. 做品牌經營，首要在傾聽顧客的聲音。
2. 企業及品牌要不斷的成長，就要持續的推出適合的好產品。
3. 創新 + 顧客使用心聲 ⇒ 產生最好的產品。
4. 品牌營收要成長，可以採取多品牌發展策略。
5. 品牌團隊 = 研發團隊 + 行銷團隊。
6. 品質 = 信任 = 品牌。
7. 服務業品牌經營必須重視CS經營學（CS，即Customer Satisfaction，顧客滿意度）。
8. 服務業品牌快速展店很重要，因為通路為王。
9. 品牌經營要展現多元、新奇、差異化、獨一無二的產品力。
10. 行銷成功四要素：
    (1) 每個產品定位要清楚。
    (2) 要抓到消費市場需求。
    (3) 要做出好的產品。
    (4) 要用年輕人的語言做廣告溝通。
11. 品牌成功經營一定要提升產品及服務的附加價值，用價值感來提升價格。
12. 集中公司有限資源，聚焦在公司的賺錢品牌，深耕集中經營好業績品牌，放掉太小品牌，聚焦才會成功。
13. 運用及找到最適當的藝人代言人，必要拉升品牌的知名度、好感度及情感度。
14. 品牌命名最好是二個字，三個字是不得已，四個字以上就太長、不可取了。
15. 好商品 = 就是好的代言人。
16. 品牌資產的最高極致，就是對品牌的信任感、黏著度、忠誠度及情感度。
17. 服務業品牌要高度重視VIP貴客經營學。
18. 二成的VIP貴客，可以創造公司八成的業績。
19. 品牌經營 ⇒ 要重視誠信原則。
20. 品牌擁有高市占率的祕訣，就是要持續追求進步，追求領先創新，持續推

　　出令人驚豔的好產品。

21. 品牌今天不進步，明天就會被超越。

22. 品牌經營三要素：要有特色化、差異化、獨家化。

23. 品牌要先有心占率（mind share），才會有市占率（market share）。

24. 品牌經營若有高附加價值，就應避開低價市場，走高價策略。

25. 所謂品牌資產，就是指品牌經營要不斷提高：
    (1) 品牌知名度　　　　(2) 好感度
    (3) 記憶度　　　　　　(4) 忠誠度
    (5) 信任度　　　　　　(6) 黏著度
    (7) 情感度等七個度。

26. 品牌經營成功的九字祕訣，即是：求新、求變、求快、求更好！
    (1) 求新：求創新，求更新，求新奇。
    (2) 求變：求改革，求變化，求升級。
    (3) 求快：速度更快，更有效率，天下武功，唯快不破。
    (4) 求更好：一次要比一次更好，今天要比昨天更好，明天要比今天更好。

27. 小品牌沒行銷預算，要如何走出去？
    (1) 要努力做出具特色、獨家的產品力。
    (2) 要多用口碑行銷。
    (3) 要善用低成本社群媒體操作（FB、IG、YouTube、LINE等）。
    (4) 要吸引各種財經媒體、平面媒體的專訪報導及露出。
    (5) 可用低成本公車廣告。
    (6) 引起話題，吸引大家注意。

28. 實施品牌經理制及品牌責任利潤中心制。

29. 高級品牌可經營頂端的小眾市場。

30. 品牌成功的三個用心：用心設計＋用心製造＋用心服務 ⇒ 讓消費者安心。

31. 品牌宣傳可用網路及社群的口碑行銷。

32. 能夠提高顧客對我們品牌的回購率，就能穩定業績目標的達成。

33. 品牌KOL的行銷（Key Opinion Leader），即關鍵意見領袖行銷！運用知名網紅、YouTuber、部落客，達成對品牌的宣傳目的。

34. 品牌對市場趨勢的正確判斷及因應對策很重要，如此才能掌握商機並避掉威脅。

35. 開發好用的APP，是品牌數位行銷的方向之一。

36. 電視廣告可達成對品牌廣度的宣傳目的。

37. 廣告效果的四個度：
    (1) 注目度提高。

(2) 記憶度提高。

(3) 好感度提高。

(4) 促購度提高。

38. 每年至少要投入3,000萬元的電視及網路廣告預算，才會有足夠的廣告聲量及廣告曝光度。

39. 很多產品都是運用證言人式的廣告宣傳（例如：普拿疼、舒酸定、維骨力、益生菌、朵茉麗蔻、三得利等保健及醫用品）。

40. 品牌行銷要做到：

(1) 定位明確；(2) 深入洞察；(3) 鎖定族群。

41. 品牌經營要掌握趨勢變化、強化競爭優勢及不斷創新進步，才能決勝成功。

42. 品牌經營要堅持高品質！品質 = 品牌生命。

43. 品牌致勝三大要素：

(1) 優質產品力；(2) 賣場上架力；(3) 傳播溝通力（廣宣力）。

44. 價值行銷 ≠ 價格行銷。

45. 品牌行銷經常要問：

(1) 這是消費者要的嗎？

(2) 這會帶給消費者什麼樣的利益點及好處？

(3) 消費者為什麼要買我們的品牌？

46. 品牌經營必須要為消費者解決生活上的問題點及痛點。

47. 沒有品牌 = 低價競爭。

48. 品牌創新很重要，有很多面向：(1)產品創新；(2)設計創新；(3)功能創新；(4)耐用創新；(5)品質創新；(6)包裝創新；(7)服務創新；(8)裝潢創新；(9)製造創新；(10)廣告創新。

49. 多品牌策略的三大原則：

(1) 明確各自定位。

(2) 不同區隔市場。

(3) 不同的目標TA（消費客群）。

50. 通路為王！品牌經營要上架到主力銷售通路，讓消費者更便利買到此產品。

51. 品牌「質感」要勝過價格便宜。

52. 透過中小品牌併購、收購策略，以快速擴增營收規模及占有市場。

53. 品牌經理人員必須看懂每月的「損益表」，要掌握每月賺錢或賠錢！

損益表格式如下：

$$
\begin{array}{c}
營業收入 \\
-\ 營業成本（成本率） \\
\hline
營業毛利（毛利率） \\
-\ 營業費用（費用率） \\
\hline
營業損益（營業獲利率） \\
\pm\ 營業外收支 \\
\hline
稅前損益（稅前獲利率）
\end{array}
$$

54. 品牌經營一定要創造出產品的USP（Unique Sales Point）（即產品獨特銷售賣點或產品獨特銷售主張）。

55. 品牌要提高利潤的二大方向：
   (1) 價值提高（value up）或價格提高（price up）。
   (2) 成本降低（cost down）。

56. 品牌附加價值提升，可從幾個方向進行：
   (1) 品質價值提升。
   (2) 技術突破價值提升。
   (3) 功能、耐用創新價值提升。
   (4) 設計價值提升。
   (5) 包裝價值提升。
   (6) 消費者美好生活價值提升。
   (7) 服務價值提升。
   (8) 形象價值提升。
   (9) 消費者利益點提升。
   (10) 消費者心理面價值提升。

57. 做品牌 ≠ 不只是打廣告而已。

58. 打廣告 = 對品牌的長期投資，是投資，不是費用。

59. 品牌 = 溢價效果（有品牌的，價格可以高一些）。

60. 有品牌的，價格貴一些也沒關係！

61. 360度鋪天蓋地的整合行銷傳播宣傳方式！

62. 服務業門市店的改裝、裝潢，要有更年輕化、更時尚化的感受。

63. 巨星代言 + 媒體宣傳 ⇒ 可快速拉升品牌知名度。

64. 後發品牌要出頭，必須：(1)市場區隔化；(2)產品差異化。

65. 不做大眾市場，專做分眾市場或小眾市場更容易成功。

66. 品牌攻入「縫隙市場」，更容易冒出頭！

67. 品牌經理每年底要訂出下年度的：(1)營運目標；(2)營運策略及(3)營運計畫。

68. 品牌經營不是一天、二天的事情，而是要長期經營、永續經營。

69. 品牌一旦建立起來，就要每日細心維護品牌。

70. 品牌經營一定要升級經營，不斷追求產品與服務的升級，才能長保市場競爭力。

71. 服務業品牌要加速展店、要占有市場、要達到連鎖經濟規模化、要建立進入門檻。

72. 品牌經營能找出市場的縫隙及漏洞，就是新商機！

73. Brand Audit = 品牌健康度查核（即對品牌的知名度、好感度、信任度、滿意度的查核，看看是否提升或衰退下滑）。

74. 品牌經營要快速應對變化，不能坐以待斃！

75. 品牌當定位發生問題，就要進行定位改變，重新定位！

76. 品牌廣告的極致，就是達到「感動行銷」的目標。

77. 品牌活化 = 品牌年輕化 = 品牌再生 = 品牌回春。

78. 品牌經營要成功，必須仰賴三大類型專業公司：(1)廣告公司；(2)媒體代理商；(3)公關公司。

79. 廣告 = 投資 ≠ 費用。

80. 品牌打廣告的三大終極效益：
    (1) 打造、維繫品牌力。
    (2) 提升、達成業績力。
    (3) 維繫市占率。

81. 好的品牌slogan（廣告金句、宣傳語），可彰顯品牌的精神。

82. 品牌經營祕訣，要做好「消費者洞察」（consumer insight），洞察他們內心的需求、渴望及消費行為。

83. 外商品牌在臺灣，必須改為「在地化行銷」才會成功。

84. 品牌要經常做市調，以了解趨勢變化、了解需求、了解科學化的數據結果、了解未來的行銷策略何在、了解行銷的改變方向、了解品牌應如何做。

85. 長銷品牌 = 必能提供對消費者明確的核心利益點。

86. 品牌行銷4P要隨時因應市場環境的變化，快速、彈性調整對策。

87. 品牌經營 = 贏得顧客心。

88. 必要時，品牌要成立「顧客心聲委員會」組織，才能真正落實傾聽顧客聲音。

89. 品牌應邀請顧客共同參與開發新產品。

90. 品牌應以「顧客聲音」為革新事業的起點。

91. 品牌經營務必做到三件事：

⑴ 關心顧客大小事。

⑵ 全方位了解消費者。

⑶ 全力滿足顧客需求。

92. 長銷商品 = 不斷進行商品改良 + 創新商品。

93. 服務業品牌發行會員卡或紅利集點卡，可有效提高會員的購買忠誠度。

94. 品牌眼前的成功，不代表永遠成功，要每天兢兢業業，做好每一天的品牌經營。

95. 品牌經營必須要有「數字管理與對策」能力。

96. 品牌經理人五大工作：

⑴ 密切觀察市場狀況。

⑵ 制定行銷4P計畫。

⑶ 展開行銷宣傳。

⑷ 每日銷售追蹤、檢討。

⑸ 每月損益表分析、檢討。

97. 產品力做不好，用再強的代言人也沒用！

98. 要做好UE（User-experience）（使用者體驗）（顧客體驗）。

99. 「體驗行銷」是一個操作行銷的必要趨勢！五感行銷：看到、摸到、用到、聞到、吃到！

100. 品牌的one and only！獨一無二！要有自己的獨特性，才會勝出！

101.　　OEM　　⇒　　ODM　　⇒　　OBM

　　（代工生產）　　（代工 + 設計）　　（自有品牌）

　　（生產利潤）　　（設計利潤）　　（品牌利潤）

102. 服務業品牌必須做到客製化服務及一對一服務（one to one service; one to one Marketing）。

103. 品牌當客層老化時，必須加速開拓年輕客層。

104. 微品牌 = 新興品牌 = 網路品牌。

105. 善用臉書（FB）及IG經營忠實粉絲，並作為市調來源。

106. 高CP值 = 高性價化 = 高CV值。

$$高CP值 = \frac{performance}{cost} > 1$$

$$高CV值 = \frac{value}{cost} > 1$$

107. 品牌經營可以善用網紅及部落客作為宣傳。

108. 找出最小的可行受眾 = 專注為這群人服務 = 同溫層行銷。

109. CITY CAFE用藝人桂綸鎂代言了十多年之久，是成功代言人行銷的範例。

110. 後發品牌要用差異化行銷、特色行銷才能勝出！

111. 大型零售公司都推出自己的PB產品（Private Brand，自有品牌）！

112. PB產品的好處：
    (1) 可以提高獲利率。
    (2) 可以平價賣給顧客。
    (3) 創造差異化的店面。

113. 有些行業必須快速推出、研發出新產品、新款式、新口味，才能迎合市場需求，掌握商機！

114. 快速研發！快速推新品！快速行銷！快速占有市場！

115. FGI（Focus Group Interview）焦點座談會，為市調的一種方法，質化調查可深入洞察顧客，找出行銷對策！

116. 品牌的IMC宣傳手法！
    IMC = Integrated Marketing Communication（整合行銷傳播、360度鋪天蓋地的品牌宣傳手法）

117. 品牌經營成功的四大面向：

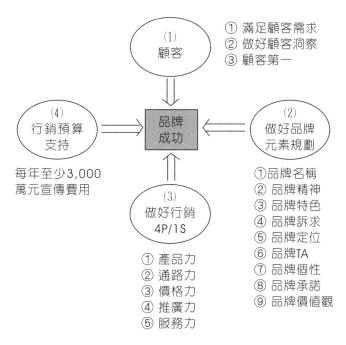

118. 鎖定品牌的銷售對象TA（Target Audience，目標消費客群，消費客層）。

119. 從「產品經營」⇒ 走向「品牌經營」。

120. 產品力 = 好產品 + 有品牌。

121. 服務業品牌經營一定要重視 ⇒ VIP行銷。

　　　　　　　　　　　　　　⇒ 尊榮行銷。

　　　　　　　　　　　　　　⇒ 奢華行銷。

122. 服務業二八原則：即20%的VIP顧客，創造80%的業績！

123. 公益行銷：

　　⇒ 塑造企業／品牌好形象。

　　⇒ 間接對業績有好的助益。

124. 中小企業品牌可先從電視節目的「冠名贊助」做起，可以逐步打出「品牌知名度」，每集贊助費5～8萬之間。

125. 品牌在自媒體及社群媒體時代，更要注重「鐵粉經營」、「粉絲經濟學」、「粉絲黏著度」！

126. 鐵粉 = 高忠誠度 = 高黏著度。

127. 任何行業及品牌經營，都必須掌握K.S.F（Key Success Factor，關鍵成功因素），才能成功！

128. 品牌環境巨變 ⇒ 要快速反應及應變對策 ⇒ 才不會業績衰退！

129. 服務業APP行銷時代來臨 ⇒ 可查詢、可下訂單、可支付、結帳、可累積紅利點數！

130. 品牌藝人代言人行銷成功四要件：

　　(1) 藝人具高知名度。

　　(2) 藝人形象良好、親和。

　　(3) 藝人個人特質與產品特性符合、一致。

　　(4) 電視廣告片（TVCF）製作成功，能叫好又叫座。

131. 品牌可運用網紅做行銷宣傳！

　　(1) 大網紅（30～100萬粉絲）。

　　(2) 中網紅（10～30萬）。

　　(3) 微（小）網紅（1～10萬）。

132. 百貨公司服務業品牌不只經營商品買賣，更重經營「場域」，即：提供娛樂、餐飲、劇場、藝人、社交、體驗、電影等。

133. 品牌要多跟年輕世代對話、傳播溝通、互動、參與、體驗驚喜！

134. 品牌要多提供促銷活動誘因給忠誠顧客、鐵粉（全面折扣、滿千送百、買一送一、買二送一、紅利集點送、買就送折價券、免息分期付款、大抽獎、滿額贈等）。

135. 要集中資源在「核心品牌」的投資經營！

136. 電視廣告投放的三大效益評估：

　　(1) GRP達成（即總收視點數累積達成、廣告投放聲量、曝光度的達成）。

⑵ 品牌知名度、好感度提高。

⑶ 品牌當月業績額提高。

137. 電視廣告計價方法：稱為CPRP計價法。

即：cost per rating point！

即：每個收視點數之成本，每一個1.0達成收視點數之成本。

目前CPRP以每10秒為單位計價，約每10秒播放收費在3,000～7,000元之間，視廣告淡旺季及節目收視率不同而定。

138. 目前電視收視率唯一做記錄及調查的公司為尼爾森。

139. 媒體代理商為負責品牌公司的媒體預算企劃及採購的專業協助公司。

140. 品牌的集點行銷，可以很成功的拉抬業績。

141. 若能成功的推出新口味、新產品，有助於拉升業績！

142. 品牌的熟客經營術＝公司80%的業績，都是由熟客及老顧客所創造！

143. 中大型品牌都做到每日業務的預算管理（即每日預算目標、每日實際業績、每日業績達成率的數字化管理模式）。

144. 品牌的美好體驗與美好服務愈來愈重要！

145. 行銷的應變策略要隨時、機動、彈性的不斷調整，直到有效果為止，絕不能坐以待斃！

146. 品牌＝信任＝保障。

147. 品牌要長期經營，至少要十年以上才會看到效果，而不是短期經營！

148. 品牌經營要掌握消費者及消費市場趨勢，故要不斷的觀察、分析、討論、市調及判斷。

149. 品牌在前端的研發、設計階段，即要融入顧客情境及意見，新產品才會開發及上市成功！

150. 品牌成功的根基，即在實踐以顧客為核心，從顧客的視角，融入顧客情境，比顧客還要了解顧客，以顧客至上及顧客第一為原則！

151. 品牌的口碑行銷是最低成本的行銷操作手法，因此，人際間的口碑及社群媒體上的口碑及正評，都是口碑行銷的最佳來源！

152. 品牌及企業必須善盡CSR（企業社會責任經營，Corporate Social Responsibility），這就是「形象行銷」

153. 品牌必須敏感的防止「品牌老化」，品牌一旦陷入老化，業績及市占率就會顯著快速衰退！

154. 品牌在最初的設計、規劃階段，必須先做好下列十二件事：

⑴ 品牌命名　　　　⑵ 品牌定位

⑶ 品牌TA　　　　⑷ 品牌logo

⑸ 品牌特色　　　　⑹ 品牌差異化

(7) 品牌精神　　　(8) 品牌slogan

(9) 品牌承諾　　　(10) 品牌核心

(11) 品牌訴求點　　(12) 品牌利益點。

155. 品牌先行者優勢（first mover advantage） ＝ 品牌先發者比後發品牌會有一些優勢！

156. 聚焦經營 ⇒ 百年只做一件事。

157. 品牌經營必須「永遠在發明」，故「研發力」很重要。

158. 品牌經營就是要讓顧客信任你 + 顧客需要什麼都找你！

159. 有些高價、精品品牌主打金字塔頂端客層。

160. M型消費時代來臨，代表走高價及走低價的兩端趨勢，將成爲市場主流！

161. 走高價、走高附加價值的路線固然會成功，但是低價、走庶民大眾路線的也有不少成功的案例！（例如：全聯超市、家樂福量販店、COSTCO量販店、CITY CAFE、路易莎咖啡等。）

162. 品牌成長的祕訣：要很用心與努力的接近消費者需求，解決消費者生活上的問題點與痛點。

163. 產品要是沒有品牌，就像是沒有根的浮萍，很容易斷掉，很容易被人取代，並且沒有未來展望性！

164. 品牌產品線齊全，可以做到讓消費者一站購足（one-stop shopping）。

165. 行銷宣傳的全媒體時代！即傳統媒體（對中老年人） + 數位媒體（對年輕人）。

166. 品牌若能做到「高忠誠度行銷」，就能享有顧客的「高回購率」及「高回店率」。

167. 品牌經營必須：抓住定位 + 做出差異化。

168. 鐵粉經營 = 黏住行銷。

169. 品牌經營績效，主要有五大指標：

(1) 營收達成率 / 成長率。

(2) 獲利達成率 / 成長率。

(3) 市占率鞏固及提升。

(4) 品牌排名地位鞏固及提升。

(5) 顧客滿意度的鞏固及提升。

170. 品牌的「聯名行銷」，可以發揮1 + 1 > 2的綜效（synergy）。

171. 品牌的行銷預算多少，一般是採年營收額×（3～10%） = 行銷預算金額。

例如：10億營收×3% = 3,000萬。

　　　100億營收×2% = 2億。

172. 只有消費者說好，才是我們的核心競爭力！

173. 品牌一般的毛利率設定：

(1) 一般在30～45%之間。

(2) 名牌精品、化妝保養品、保健食品則會拉高到60～150%。

174. LV品牌的勝利方程式：嚴格品質 + 時尚領導 + 名人代言。

175. 轉型策略：當企業或品牌面臨巨大困境時，必須斷然採取轉型策略，以度過危機！

176. 好品牌的由來：做出優質產品 + 不斷創新開發，改良、升級！

177. 產品力 + 宣傳包裝力 + 通路力 = 業績力。

178. 產品自身就是最好的廣告！

179. 在成熟市場裡，必須更大膽創新，才會成功！

180. 品牌及產業都會面臨產品生命週期（Product Life Cycle, PLC），即產品導入期、成長期、成熟飽和期、衰退期、再生期。

181. 品牌忠誠度提升的做法：

(1) 發行會員卡、貴賓卡，給予優惠。

(2) 持續創新產品。

(3) 廣告聲量必須足夠。

(4) 定期節慶促銷活動。

(5) 累積社群口碑行銷。

(6) 提供完美服務。

(7) 保持高品質產品力。

(8) 讓顧客信任你。

(9) 價位合理，高CP值感受。

182. 行銷的根本核心，就在「品牌經營」。即：如何打造、提升、維繫品牌力！

183. 品牌行銷之前，應先做好S-T-P架構分析，即：

S：Segment market，主打哪一個區隔市場！

T：Target audience，主攻哪一個目標客群！

P：Positioning，品牌定位在哪裡！

184. 品牌經營必須多向顧客學習，顧客才是品牌行銷學的導師！

185. 新產品開發不用做到100分，只要能做到70分，只要先啓動，可以邊走邊修改。過程之中，您會聽到顧客叫您改善的方向及重點！

186. 不同時代有不同的市場趨勢，品牌經營及新產品開發，必須抓住趨勢的變化及改變的節奏，以及跟著顧客的需求而改變！

187. 無法防止對手的模仿，因此，必須自己追自己，自己要加快腳步，不斷創新領先！

188. 品牌經營，總結來說就是必須帶給顧客更美好的生活。

189. 提升產品力的三要素：要不斷改良 + 升級 + 創新。

190. 如何提升品牌回購率、回店率：

    (1) 每次購買給予折價券（30元、50元、100元、200元等），供下次消費折抵。

    (2) 發行會員卡、貴賓卡，給予紅利集點，可抵扣下次消費或給予贈品。

    (3) 逢節慶大促銷活動（年底週年慶、6月年中慶、5月母親節、元旦慶、農曆新年、8月父親節、中秋節等）。

    (4) 持續推出新品（不要老是舊品）。

    (5) 打造好口碑（大家都說好）。

    (6) 堅持高品質、好品質、穩定品質（用戶會叫好）。

191. 新產品上市要三問：有沒有更好！有沒有不同！有沒有新意！如此才有競爭力，如此市場才能大賣！

192. 大品牌每年常花好幾百萬元做市調，為達三個目的：

    (1) 取得科學化數據。

    (2) 做到傾聽顧客聲音。

    (3) 有利做出行銷對策及決策。

193. 任何產品要為消費者帶來物質面及心理面的雙重滿足感。

194. 服務業品牌成功二大要素：　　　 SOP 　　　 ＋ 　　　 COP
　　　　　　　　　　　　　　　（標準作業流 　　（Care of People）
　　　　　　　　　　　　　　　程，確保品質 　　（對客人的貼心服務）
　　　　　　　　　　　　　　　一致性）

195. 名牌精品行銷成功四大要素：尊榮行銷 + VIP頂級服務 + 名人代言 + 堅持品質。

196. 品牌行銷不要忘記：曝光、曝光、再曝光！（不曝光，很容易被消費者遺忘掉！）

197. 品牌廣告最好盡量避免「負面廣告手法」，它很少成功！

198. 好市多（COSTCO）的品牌核心價值：最好的品質 + 最便宜的價格。

199. 服務業品牌的指導方針是：照顧好你的客人，業績自然會好起來！

200. 成功的廣告創意，來自於深入的洞察（insight）！

201. 產品夠特殊，定價自然能夠拉高！

202. 發現需求→滿足需求→創造需求！

203. 品牌經營必須做好產品的五個值，即：(1)高CP值；(2)高體驗值；(3)高顏值（設計感、質感好）；(4)高信任值及(5)高品質！如此，產品就會暢銷及長銷！

Part 7

品牌行銷致勝的重要操作關鍵字與關鍵概念

作者本人在平常閱讀很多行銷成功的企業個案之後，嘗試彙整出如下的行銷關鍵字，提供各位讀者在思考如何解決行銷問題時，可以有一些正確的關鍵概念可茲遵循與參考。

〈關鍵字之一〉

(1)品牌年輕化（避免品牌老化）

(2)目標族群年輕化

(3)擴大消費族群

(4)名人代言

(5)好記的slogan（廣告語句、企業標語）

(6)增加消費者使用時機與頻率

(7)360度鋪天蓋地整合行銷傳播操作呈現

(8)優秀的合作夥伴（廣告代理商、媒體代理商、公關公司）

(9)進軍不同的區隔市場

(10)深耕市場策略，將市場細分

(11)將名人、品牌、消費者成功連結

(12)找出消費者利益

(13)深入消費者洞察

(14)充足的行銷預算支援

(15)達成行銷成果（績效）

(16)吸取行銷失敗的經驗教訓，避免再犯

(17)重新品牌命名

(18)投入更多產品研發的努力

(19)成功的品牌命名

(20)產品力強

(21)價格便宜，物超所值

(22)方便購買，通路普及

(23)市場環境成熟／尚未成熟

(24)選對代言人

(25)品牌化經營

(26)行銷策略的本質成功

(27)保持高市占率的因應對策

(28)外部環境起了變化，影響行銷成果

(29)如何創造消費者更大的消費動機

(30)拍出吸引人注目的電視廣告片（TVCF）

(31)加強異業合作

(32)推出與大型通路商的促銷活動

(33)如何鞏固顧客的忠誠度

(34)必須不斷地洞察消費者的需求

(35)不斷推出創新產品，以滿足消費者變的需求

(36)重視品牌行銷的長期經營與投入

(37)加強與通路賣場的合作

(38)虛擬與實體通路兩路並進

(39)打造出優良的企業形象

(40)適度投入公益行銷，做好CSR（企業社會責任）

(41)永遠的王道——消費者洞察

(42)量化與質化的市場調查不可不做

(43)透過科學數據以利行銷決策

(44)利用對的代言人，以使品牌年輕化

(45)網路行銷操作適合年輕消費族群

(46)打出感動行銷

(47)執行體驗行銷

(48)建構最完整的產品線

(49)不斷累積品牌資產的永恆價值

(50)優秀的員工是行銷成功的基礎

(51)不斷累積優異的研發技術領先力

(52)廣告創意可以打響品牌知名度

(53)有計畫性的每年度推出一個電視廣告訴求主軸核心

(54)以獲獎及通過政府檢驗或ISO，來提高產

品的公信力

⑸以好的品質，爭取消費者長期的認同感及信賴感

⑹以好的服務，打造消費者好的口碑

⑺運用口碑行銷可以減少行銷支出

⑻市場分眾化、市場區隔化、市場利基化

⑼產品差異化、特色化

⑽領先的創新產品

⑹強化公司的核心競爭優勢

⑿專注（focus）於公司的最強項發揮及延伸

⒀不斷調整及改變行銷策略，以迎合市場的變化

⒁持續觀察產品（競爭品牌）的行銷作為，做好因應對策

⒂努力維持或提升營業額及獲利額

⒃質化經營（重獲利而不衝業績量）

⒄關閉長期不賺錢的門市店（質化經營）

⒅開放加盟店策略

⒆成功的新產品上市發表會

⒇定位策略成功，奠定品牌根基

⑺成功的品牌，背後都有很好的「產品力」支撐

⑺控制好行銷預算占總營收的固定百分比

⑺定期的公關新聞稿露出

⑺營造出品牌的精神、象徵、故事及特色出來

⑺運用重量級人氣明星代言

⑺產品陳列要放在通路顯著的位置

⑺廣宣成功，知名度一下子提高不少

⑺鎖定目標對象、目標客層（Target Audience, TA）而精準行銷

⑺產品的包裝、包材與設計策略要與眾不同並搶眼

⑻創造出產品的話題行銷

⑻玩偶、公仔贈品促銷活動，容易吸引人潮

⑻強力的電視廣告播放

⑻電視節目與電視新聞的置入式行銷

⑻開發女性新商機搶攻都會女性消費市場

⑻做好媒體預算的分配比例

⑻透過CRM建立消費者忠誠度

⑻會員卡、紅利積點卡、聯名卡、VIP卡，維繫消費者忠誠再購度

⑻店頭門市人員及專櫃人員的行銷力，也必須配合成功

⑻平價奢華的消費時代

⑼使出低價產品策略，以因應不景氣

⑼免費樣品發放或試吃試唱活動

⑼舉辦大型年度促銷活動，以拉抬買氣

⑼廣告播出前之測試，以確保廣告效果

⑼FGI、FGD（焦點團體座談會），是質化深入的市調方法之一

⑼產品上市前的測試，以不斷改善產品力，並保證暢銷性

⑼研發、行銷企劃及業務等三角黃金陣容必須密切合作，產品才會暢銷

⑼要深耕通路，教育好門市店、專櫃及經銷店的銷售人員

⑼要關注媒體生態與媒體工具的變化

⑼廣告預算的支出，必須創造出最大的投資報酬率

⑽掌握成功的產品切入點及市場切入點

⑽產品配方創新成功

⑽迎合環境需求變化，打出成功新口號

⑽客觀化的定位、差異化的優越性及焦點深耕

⑽行銷組織貫徹BU（Business Unit）組織制度

⑽每天、每週隨時討論業績，隨時上緊發條，隨時提出因應行銷對策，才能創造出好業績

〈關鍵字之二〉

(1)品牌「微笑曲線」（smile curve）
右端：品牌與通路價值；左端：為研發、設計價值

(2)品牌「附加價值」（Value-added）
創造更高附加價值

(3)品牌與通路（brand & channel）
通路為王（7-ELEVEN有品牌又有通路）

(4)品牌與代工（brand & OEM）（OEM ＝ 代工製造）

(5)品牌打造（brand building）
即堅定品牌經營的思路理念

(6)關鍵時刻（Moment of Truth, MOT）
服務業接觸顧客的每一個時間點

(7)品牌承諾（brand commitment）
品質承諾、服務承諾、創新承諾、物超所值承諾

(8)消費者老闆日（Consumer Boss Day）
消費者至上、顧客至上

(9)複製（duplicate）
品牌不能複製

(10)無形資產（intangible assets）
品牌是無形資產、設備廠房是有形資產

(11)市場占有率（market share）
衡量品牌在市場上的排名及地位、影響力

(12)心占率（mind share; top of mind）
先有心占率，才有市占率

(13)品牌價值（brand value）
品牌是可以被衡量出價值的，不是一個名稱而已

(14)OEM→ODM→OBM（Original Equip-Ment/Design/Brand Manufacture）
代工製造、設計製造、自有品牌製造三階段

(15)理想品牌（ideal brand）
心目中最想要的牌子

(16)品牌「策略性資產」（strategic asset）
指戰略性、制高點、有價值的資產

(17)全球品牌（global brand）
全球可見、可買到的品牌產品

(18)品牌形象（brand image）
優質、高質量、高檔、好口碑的品牌形象塑造

(19)品名（brand name）易記、易唸

(20)品牌「標示」、「標章」（logo）
logo為品牌識別的彰顯

(21)品牌「訴求語」、「廣告語」（slogan）
just do it; always open; I'm lovin' it

(22)一致聲音（one voice）
品牌一致性形象與精神的表現

(23)品牌個性（brand personality）

(24)直效行銷（direct marketing）
對顧客個人化的行銷措施

(25)顧客關係管理（Customer Relationship Management, CRM）
即會員管理、會員分級、會員行銷、會員資訊搜集

(26)品牌知名度（brand awareness）
打造品牌第一步驟

(27)品牌銷售力（brand sales）
品牌業績成果

(28)品牌忠誠度（brand loyalty）
忠誠才有再購率、回頭率，掌握主顧客群

(29)會員介紹會員（Member Get Member, MGM）行銷做法

(30)品牌權益（brand equity）
　　權益代表價值

(31)管理品牌權益（managing brand equity）
　　管理品牌價值，使長期不墜、不滅

(32)知覺的品質（perceived quality）
　　質感度

(33)品牌聯想度（brand association）
　　想要某種消費，即想到此品牌、此場所

(34)產品屬性（product attributes）
　　屬性特色、特點

(35)消費者利益（consumer benefit）
　　為消費者帶來何種利益與好處，且能感受到

(36)差異化訴求（differential appeal）
　　同中要求異、差異化才有競爭力、別人沒有的

(37)差異化策略（differential strategy）
　　差異化要表現在哪些方面的策略做法

(38)創意提案（creative proposal）

(39)上市行銷（launch marketing）
　　新品上市行銷操作活動規劃

(40)品牌生命週期（brand life cycle）
　　導入、成長、成熟飽和、衰退、再生期

(41)產品線（product line）
　　不同產品類別有多少

(42)價格帶（price zone）
　　顧客可以接受的高低價格區間

(43)吸脂法（skimming price/high price）
　　新產品上市高價法，如iPhone、iPad

(44)滲透法（penetration price/low price）
　　新產品上市低價法

(45)品牌通路策略（channel strategy）

(46)品牌定價策略（pricing strategy）

(47)整合行銷傳播（Integrated Marketing Communication, IMC）

(48)廣告（advertising）
　　TVC、NP、MG、RD、OOH、Internet、Mobil

(49)事件行銷（event marketing）

(50)贊助行銷（sponsorship marketing）
　　藝文贊助、音樂會贊助、公益贊助、宗教贊助

(51)品牌運動行銷（sport marketing）
　　運動員、運動衣、運動現場、運動產品

(52)媒體企劃與購買（media planning & media buying）
　　媒體代理商提供專業服務、購買成本會較低

(53)置入行銷（product placement）（置入在新聞、節目、電影）

(54)顧客導向（customer-oriented）

(55)顧客滿意（customer satisfaction）
　　顧客滿意度調查定期要做

(56)店頭行銷（in-store marketing）
　　賣場廣告招牌及促銷活動

(57)網路行銷（Internet marketing/on line）
　　關鍵字搜尋、Facebook粉絲、入口網站廣告、官網、eDM

(58)產品改善（product improvement）
　　不斷改變、創新、改良

(59)通路行銷（trade-marketing, channel marketing）

(60)廣告片（TVCF/TVC）
　　20秒、10秒、30秒居多

(61)廣告測試（Adv. Test）
　　盲目測試法（blind test）（盲飲）

(62)焦點團體座談會（Focus Group Interview, FGI; Focus Group Discussion,

FGD），亦簡稱GI、GD

(63)產品創新（product innovation）

唯有創新，才能與眾不同、才能持續領先

(64)U & A（Usage & Attitude）

消費者使用行為及態度調查

(65)標準作業流程SOP（Standard Operation Process）

(66)聚焦行銷（focus marketing）

專注在特定領域、特定做法、特定對象的行銷操作

(67)差異化優越性（differential superiority）

(68)品牌績效（brand performance）

品牌知名度、喜愛度、好感度、忠誠度、貢獻度

(69)行銷預算（marketing budget）

廣宣預算、通路預算、促銷預算等

(70)體驗行銷（experimental marketing）

親自看到、使用到、摸到、聞到、感受到

(71)廣編稿（editorial marketing）

NP、MG廣編特輯，深入解析產品

(72)目標客層（Target Audience, TA）

(73)強勢品牌（strong brand）

(74)利基市場（niche marketing）

特定、分眾、有優勢的特定市場

(75)關鍵成功因素（Key Success Factor, KSF）

(76)執行力（implementation capability）

(77)行銷績效（marketing performance）

營收、銷售量、利潤、市占率、心占率、消費度、成長率、上架率、來客數、客單價等

(78)品牌計畫（brand plan）

4P/1S計畫

(79)市場商機（market opportunity）

切入市場商機，有利可圖（智慧型手機、平板電腦、液晶電視）

(80)工作時程表（time table; time schedule）

(81)專案小組（project team）

(82)品牌管理（brand management）

＝產品管理＋市場管理

(83)品牌P-D-C-A（Plan-Do-Check-Action）（品牌管理）

(84)品牌組合（brand mix）

品牌價位組合、品牌產品線組合、多品牌組合

(85)品牌經理（Brand Manager, BM）

負責此品牌的產銷營運

(86)產品經理（Product Manager, PM）

負責此產品的行銷活動

(87)客服中心（call center; inbound call; outbound call）（接聽、行銷、服務、業務）

(88)品牌利潤中心制度、事業單位獨立制（Brand Business Unit）、BU制

品牌制、產品制、分店制、分公司制、事業部制、分館制

(89)全球性品牌（global brand）、地方性品牌（local brand）

(90)全國性品牌vs.零售商自有品牌NB & PB（National Brand & Private Brand）

PB：7-ELEVEN、屈臣氏、家樂福、大潤發、全家、愛買等

(91)品牌健康檢測（brand health test）

檢測品牌好感度、地位、排名

(92)攻擊行銷（offensive marketing）

攻擊第一品牌行銷措施

(93)防禦行銷（defensive marketing）

防禦後面品牌的攻擊

⑼損益表（income statement）

每月、每季、每年衡量公司或品牌的獲利狀況

⑼營收、毛利、獲利（revenue/gross/net profit）

⑼銷售目標（sales target）（銷售量、銷售額）

⑼銷售預算、獲利預算（sales budget; profit budget）、預算管理制度

⑼委外處理（outsourcing）

委外廣告、委外市調、委外設計

⑼市場調查（market survey）

FGI/FGD、電訪、街訪、家訪、網路調查

⑽行銷研究（marketing research）

消費者行為、價值觀、消費觀、未來趨勢研究

⑽溝通協調（communication & coordination）

與外部廣告公司、媒體代理商、公關公司

⑽品牌併購（brand M&A; brand merge & acquisition）

併購別人的品牌，納入自己旗下的品牌

⑽全球市場與本國市場（global market & domestic market）

⑽品牌授權（brand license）／商標授權

Hello Kitty、Doraemon、Disney

⑽多品牌策略（multi-brand strategy）

同一產品有多個品牌推出

⑽家族品牌（family brand）

大同、東元、東森、Panasonic、LG、三星、Canon、Nikon、NIKE

⑽品牌鑑價（brand valuation）

評價此品牌值多少錢

⑽品牌再購（brand repurchase）

再購率高不高

⑽360度品牌行銷傳播（360° brand marketing communication）

全方位攔截消費者目光、鋪天蓋地

⑽品牌元素（brand element）

⑾品牌老化vs.品牌年輕化（brand younger）

品牌不能老化，老化即代表業績衰退

⑾品牌大使／品牌代言人（brand ambassador）

⑾品牌形象（brand image）

⑾品牌公關報導（brand publicity）

品牌在報紙、電視、雜誌露出則數愈多愈好

⑾品牌精神（brand spirit）

星巴克、NIKE、可口可樂、LV、HERMÈS、McDonald's

⑾品牌與代工（brand OEM）

⑾品牌M型化並行（高價品牌／平價品牌，右端為高價品牌，左端為低價品牌）

⑾品牌長期投資（brand long-term investment）

品牌行銷預算投入＋研發技術投資投入

⑾品牌投資報酬率（brand ROI; return on investment）

投入成本與回收的比率如何

⑿品牌經營涵蓋項目

①品牌元素規劃

②品牌策略

③品牌S-F-P架構

④品牌4P/1S或8P/1S/1C規劃

⑤品牌行銷預算

⑥品牌組織人才

⑦品牌企業文化

⑧品牌360度全傳播

⑨品牌績效

⑩持續創新活動

⑿高ＣＰ值（高物超所值）（consumer performance）

⑿品牌連結情感、感性訴求

⑿品牌力＋商品力＋行銷力＝致勝行銷、必勝行銷

⑿品牌元素

品牌的品名、logo、slogan、個性、精神、故事、設計、風格、系列、色系、包裝

⑿「技術」與「研發」是品牌的根基

⑿品牌行銷操作方法（三十種以上）

①代言人行銷

②記者會

③異業合作行銷

④節慶促銷活動

⑤電視廣告（TVC）

⑥報紙廣告

⑦置入行銷

⑧公關報導

⑨活動舉辦

⑩贊助行銷

⑪運動行銷

⑫slogan行銷

⑬旗艦店行銷

⑭話題行銷

⑮公仔、玩偶行銷

⑯紅利積點行銷

⑰網路行銷

⑱簡訊行銷

⑲FB粉絲頁行銷

⑳主題行銷

㉑藝文行銷

㉒公益行銷

㉓競賽行銷

㉔廣播行銷

㉕雜誌廣告行銷

㉖抽獎行銷

㉗關鍵字行銷

㉘包裝行銷

㉙店頭POP行銷

㉚其他行銷方式

⑿品牌P-D-F經營三原則：

P：Positioning，精準定位成功

D：Differential，差異化特色，賣點成功

F：Focus，專注經營，核心專業經營

⑿品牌線上行銷（傳統媒體行銷）（Above the Live, ATL）

品牌線下行銷（數位行銷、合作行銷）（Below the Line, BTL）

⑿品牌關鍵成功因素

①創新領先、技術領先

②高品質（高質量）

③行銷預算投入

④整合行銷操作

⑤定位成功

⑥滿足、創造消費者需求：消費者洞察成功

⑦廣告成功

⑧代言人成功

⑨口碑成功

⑩堅持品牌經營

⑪服務頂級

附件：【品牌行銷與管理】——期末分組報告說明

一、報告主題

請選定國內知名產品品牌或服務品牌，他們在品牌打造、品牌維繫及品牌行銷操作方面的做法，事後完整搜集資訊並做成分析報告案。

二、報告主題對象（例舉）

LV、GUCCI、Cartier、資生堂、SK-II、多芬、Panasonic冷氣、SONY、大金冷氣、LG家電、舒酸定、LEXUS汽車、桂格燕麥片、蘭蔻化妝品、三星手機、統一茶裏王、味全貝納頌、acer電腦、統一瑞穗鮮奶、味全林鳳營鮮奶、阿瘦皮鞋、白蘭氏雞精、Häagen-Dazs冰淇淋、台灣啤酒、曼黛瑪蓮內衣、黛安芬、全聯福利中心、飛柔、海倫仙度絲、Extra口香糖、PChome、TOYOTA汽車、MAZDA汽車、好自在、靠得住、可口可樂、舒潔、白蘭、好來牙膏、LA NEW皮鞋、NIKE、星巴克咖啡、克寧奶粉、OSIM、露得清、麥當勞、日立家電、Benz汽車、台哥大、桂格養氣人蔘、雅詩蘭黛、CITY CAFE、新光三越、SOGO百貨、康是美、屈臣氏、adidas、桂冠冷凍食品、日立冷氣、娘家、老協珍、專科、肌研、中華電信、gogoro、光陽機車、566、OPPO手機、農搾、善存維他命、普拿疼止痛藥、蘇菲衛生棉、純濃燕麥、家樂福、統一超商、全家便利商店、原萃綠茶、樂事洋芋片、NET服飾、優衣庫服飾、寶雅、iPhone、Crest牙膏、乖乖、香奈兒、VIVO手機等其他知名品牌亦可。

三、報告內容大綱（參考，不一定侷限）

1. 公司或產品品牌簡介。
2. 品牌元素說明。
3. 品牌所處的市場概況分析。
4. 品牌定位與TA目標市場。
5. 品牌4P組合行銷操作。
   ⑴品牌的產品操作（product）（或產品策略）。
   ⑵品牌的通路操作（place）（或通路策略）。
   ⑶品牌的定價操作（price）（或定價策略）。
   ⑷品牌的廣告宣傳與促銷活動操作（廣告媒體組合操作）（promotion）。

(5)品牌的公關活動與公關報導操作（PR）。

(6)品牌的服務操作（service）（或服務策略）。

(7)品牌的企業社會責任、公益形象操作（CSR）。

(8)品牌的社群行銷操作。

(9)品牌的體驗行銷操作。

(10)其他行銷操作（如網紅行銷、代言人行銷等）。

6. 此品牌的行銷績效成果（performance；營收、獲利、成長率、品牌排名、客戶滿意度）。

7. 此品牌的關鍵成功因素（Key Success Factor, KSF）（至少三項）。

8. 本報告的總架構圖示（4、5、6、7項貫穿圖示）。

9. 結論：對本個案或本品牌的分析、評論、看法及建議（品牌行銷的策略、重點）。

10. 結語：本小組對本課程、本學期的學習心得（分享你學到的）。

參考書目

一、中文

1. 劉錦秀、鄭雅云譯（2004），《LV時尚王國》，城邦文化公司，2004年5月8日初版。

2. 何琦瑜（2005），《就是要美麗：全球第一大化妝品集團L'ORÉAL打造魅力品牌的故事》，天下雜誌公司，2005年2月3日。

3. 蕭富峰（2003），《你可以再靠近一點看P&G》，天下出版公司，2003年3月25日初版。

4. 郭菀玲譯（2003），《創造顧客感動的品牌管理：把顧客變成忠誠的擁戴者》，哈佛企管公司，2003年9月初版。

5. 李清華譯（2005），《寶潔品牌操作手冊》，憲業企管公司，2005年7月。

6. 黃治蘋譯（2005），《C行銷：第一本名人代言行銷聖經》，早安財經文化公司，2005年8月。

7. 施振榮（2005），《全球品牌大戰略：品牌先生施振榮觀點》，天下出版公司，2006年7月。

8. Elena Yu（2005），《絕對奢華百年品牌：Gucci》，維德文化公司，2005年6月。

9. 能力雜誌編（2004），《品牌策略闖天下》，中國生產力中心，2004年7月。

10. 石靈慧（2005），《品牌魔咒：打造奢華名牌的品牌工程》，高談文化公司，2005年8月。

11. 李聖賢譯（2000），《品牌王國：P&G的99條成功準則》，中國生產力中心，2000年8月。

12. 蔡蕙如（2001），《顧客是永遠的戀人：品牌經營與行銷》，天下出版公司，2001年4月。

13. 陳俐雯譯（2004），《風格、美感、經濟學》，商智文化公司，2004年2月。

14. 張嘉伶（2006），〈超商甜點戰，一觸即發〉，蘋果日報財經版，2006年2月27日。

15. 陳怡君（2006），〈醫生牌保養品，美容新勢〉，經濟日報商業流通版，2006年2月20日。

16. 李麗滿（2006），〈寶璣錶品牌經理〉，工商時報，2006年2月25日。

17. 沈美幸（2006），〈台灣三星，整裝出擊〉，工商時報，2006年2月24日。

18. 沈美幸（2006），〈台灣樂金固盤，祭出6億行銷預算〉，工商時報，2006年2月24日。

19. 陳怡君（2006），〈誰最愛台灣：精品業答〉，經濟日報，2006年2月26日。

20. 丁瑞華（2006），〈品牌回春9大操作策略〉，工商時報，2006年3月2日。

21. 王純瑞（2006），〈EMS品牌行銷，科技業新主流〉，經濟日報，2006年3月3日。

22. 陳雅蘭（2006），〈明基手機勇奪九項大獎〉，經濟日報，2006年3月3日。

23. 丁瑞榮（2006），〈品牌延伸不能無限上網〉，工商時報，2006年2月15日。

24. 王慧馨（2006），〈白蘭氏雞精拿下八成市占率〉，經濟日報，2006年1月16日。

25. 何佩儒（2006），〈宏碁全球市占率要衝到15%〉，經濟日報，2006年1月2日。

26. 曾麗芳（2006），〈搶攻大台中頂級SPA商機，克蘭詩大出擊〉，工商時報，2006年2月20日。

27. 李麗滿（2006），〈Cross筆全方位品牌轉型擴大市占率〉，工商時報，2006年1月20日。

28. 劉益昌（2006），〈用細節及創意賣麵包〉，工商時報，2006年1月23日。

29. 陳彥淳（2005），〈量販店自有品牌商品，雙向進擊〉，工商時報，2006年2月8日。

30. 陳偉航（2006），〈運動鞋品牌跨世紀爭霸戰〉，工商時報經營版，2006年2月8日。

31. 劉益昌（2006），〈品牌授權產業加值〉，工商時報，2006年2月12日。

32. 邱莉玲（2006），〈品牌走對方向就能見績效〉，工商時報，2006年2月13日。

33. 陳佩嘉（2006），〈5大品牌40款新手機出籠〉，蘋果日報財經版，2005年9月28日。

34. 陳偉航（2006），〈品牌發展與經營思考〉，工商時報，2006年1月28日。

35. 陳偉航（2006），〈POLO的品牌經營策略〉，工商時報，2006年1月28日。

36. 蕭麗君（2006），〈P&G買下高露潔四種品牌〉，經濟日報，2006年1月6日。

37. 林隆儀（2006），〈品牌人格的形塑與應用〉，經濟日報，2006年1月11日。

38. 陳風風（2006），〈2005年十大名牌手錶豐收年〉，工商時報，2006年1月19日。

39. 廖玉玲（2006），〈P&G執行長拉夫里傾聽顧客，改進產品〉，經濟日報，2006年1月4日。

40. 陳雅蘭（2006），〈明基西門子雙品牌，整合出擊〉，經濟日報，2006年1月18日。

41. 林淑惠（2006），〈三星在台砸10億行銷〉，工商時報，2006年1月11日。

42. 劉道捷（2006），〈Google重登全球最有影響力品牌〉，經濟日報，2006年1月23日。

43. 林詩萍（2006），〈華碩嗆聲，要做華人NB第一品牌〉，工商時報，2006年1月22日。

44. 林貞美（2006），〈華碩品牌代工切割，兼顧各方利益〉，經濟日報，2006年1月24日。

45. 李麗滿（2006），〈GORE-TEX嚴選品牌廠商堅持品質無可取代〉，工商時報，2006年2月7日。

46. 陳怡君（2006），〈精品大戰，101來勢洶，麗晶誰怕誰〉，經濟日報，2006年1月3

日。

47. 李威德（2001），〈品牌權益衡量模式之建立與評估〉，政治大學企業管理研究所未出版碩士論文，2001年7月，頁10～30。

48. 范碧珍（2006），〈2005年消費者心目中理想品牌〉，突破雜誌234期，頁36～88。

49. 楊永妙（2005），〈EMBA向奢華品牌取經〉，遠見雜誌，2005年3月1日，頁146～149。

50. 王一芝（2005），〈250年江詩丹頓老店翻新再出發〉，遠見雜誌，2005年3月，頁152～156。

51. 江逸之（2005），〈百萬名錶兼顧全球行銷與本土化〉，遠見雜誌，2005年3月，頁160～163。

52. 洪順慶（2005），〈品牌是消費者心中的烙印〉，突破雜誌226期，頁14～18。

53. 洪順慶（2005），〈品牌權益的5大關鍵〉，突破雜誌227期，頁20～24。

54. 洪順慶（2005），〈以全傳播打造響亮品牌〉，突破雜誌236期，頁24～28。

55. 洪順慶（2005），〈打造卓越品牌的五大黃金法則〉，突破雜誌第228期，頁20～25。

56. 洪順慶（2005），〈躋身國際品牌四部曲〉，突破雜誌237期，頁20～24。

57. 洪順慶（2005），〈性格決定品牌權益〉，突破雜誌232期，頁22～26。

58. 洪順慶（2005），〈您的品牌有性格嗎〉，突破雜誌231期，頁24～28。

59. 洪順慶（2005），〈忠誠，正在流行〉，突破雜誌233期，頁25～29。

60. 羅耀宗譯（2005），〈保住理想品牌地位的祕訣：創新〉，突破雜誌234期，頁52～54。

61. 周榮欣（2004），〈全球奧美集團：全球品牌，在地出發〉，天下雜誌，2004年12月1日，頁66～70。

62. 大衛艾克（2004），〈用品牌與創新抵禦低價化〉，數位時代雙周刊，2004年6月15日，頁132～135。

63. 宋漢崴（2005），〈品牌授權利滾利〉，遠見雜誌，2005年3月1日，頁170～173。

64. 黃淑珍（2005），〈10大最受歡迎廣告代言人〉，突破雜誌237期，頁37～47。

65. 劉典嚴（2003），〈不標榜品牌的品牌——無印良品〉，突破雜誌227期，頁63～64。

66. 楊·林德曼（2003），〈幫台產品牌面對更猛國際挑戰〉，數位時代雙周刊，2003年10月1日，頁56～58。

67. 盧諭緯（2003），〈趨勢科技，以火紅熱情圈全世界〉，數位時代雙周刊，2003年10月1日，頁62～64。

68. 林正文（2003），〈台灣首席國際品牌操盤終極祕技〉，數位時代雙周刊，2003年10月1日，頁78～82。

69. 簡大為（2003），〈成功打造品牌價值〉，數位時代雙周刊，2003年10月1日，頁82～86。

70. 李宜萍（2004），〈邁向全球品牌優勢，台灣企業開步走〉，管理雜誌351期，頁73～84。

71. 郭庭昱（2003），〈以品牌再創台灣奇蹟〉，今周刊，2003年7月28日，頁66～69。

72. 郭庭昱（2003），〈堅持品牌路線，La new嶄露頭角〉，2003年7月28日，頁70～72。

73. 林義凱（2004），〈在火焰中甦醒的品牌鬥魂〉，數位時代雙周刊，2004年10月1日，頁45～52。

74. 安迪‧密利根（2004），〈跟三星學品牌：CEO就是品牌經理人〉，2004年10月1日，頁66～68。

75. 楊瑪利（2006），〈與國際設計大師對話〉，遠見雜誌，頁74～98。

76. 王怡棻（2005），〈精品老店何以歷久彌新〉，遠見雜誌，2005年3月，頁165～185。

77. 楊延（2006），《三星品牌攻略》，如意文化出版公司，2006年4月。

78. 王曉玟（2006），〈Nike大打冠軍保衛戰〉，天下雜誌，2006年3月1日，頁108～113。

79. 沈耀榮（2006），〈品牌，比總統更有力量〉，商業周刊，2006年1月9日，頁120～125。

80. 戴國良（2006），〈P&G顧客承諾永遠信守〉，經濟日報企管副刊，2006年3月2日。

81. 戴國良（2005），〈服務業10大行銷密碼〉，經濟日報企管副刊，2005年11月17日。

82. 戴國良（2005），〈小眾行銷，唯您獨尊〉，經濟日報企管副刊，2005年9月14日。

83. 戴國良（2005），〈大金空調挑戰世界第一〉，經濟日報企管副刊，2005年1月26日。

84. 戴國良（2005），《行銷管理：理論與實務》，五南圖書出版公司，2005年9月。

85. 戴國良（2005），《整合行銷傳播》，五南圖書出版公司，2005年9月。

86. 戴國良（2005），《國際行銷管理》，五南圖書出版公司，2005年1月。

87. 李書育（2006），〈BenQ 3萬里長征〉，數位時代雙周刊，2006年4月，頁40～60。

88. 陳偉航（2006），〈成為No.1的品牌法則〉，工商時報經營知識版，2006年4月12日。

89. 陳偉航（2006），〈4大面向，打造全球品牌〉，工商時報經營知識版，2006年5月17日。

90. 可口可樂臺灣官方網站（http://www.coke.com.tw/-2006/05/05）。

91. 王秀瑩（2000），〈咖啡連鎖店市場區隔及其消費行為之研究〉，東華大學企業管理研究所碩士論文。

92. 守寍寍（2005），〈星巴克靠服務員工壯大規模〉，商業周刊，第928期。

93. 吳韻儀（2003），〈專訪星巴克董事長霍華‧蕭茲──星巴克的下一個大夢〉，CHEERS雜誌，第28期。

94. 林吟春（2000），〈咖啡連鎖店消費者行為之研究──以台北市咖啡連鎖店為例〉，輔仁大學應用統計學研究所碩士論文。

95. 林孟儀（2005），〈2004年服務業1000大〉，商業周刊，第911期。

96. 林恩瑩（2002），〈星巴克人在台北——消費文化的省思〉，國立政治大學廣告學所碩士論文。

97. 范碧珍（1998），〈連鎖咖啡串起50億商機〉，突破雜誌，180：53-57。

98. 張元祥（2005），〈星巴克七年之痛　引領風潮，創造對手？〉，遠見雜誌。

99. 張希著（2005），《品味咖啡香：星巴克的10堂管理課》，臺北：霍克出版。

100. 許碧純（2000），〈徐光宇複製7-Eleven內部創業成功的活力〉，遠見雜誌，2000年4月號：86-116。

101. 陳育慧（2002），〈體驗行銷之探索研究——統一星巴克個案研究〉，中國文化大學觀光事業研究所碩士論文。

102. 麥可（2005），〈星巴克為什麼賣？五官皆醉是銷售核心〉，遠見雜誌，第223期。

103. 黃政瑋譯，羅伯·史派特著，《品類殺手》，臺北：天下雜誌。

104. 黃嘉裕（2004），〈星巴克 體驗她就愛上她〉，經濟日報，2004年5月8日。

105. 楊家勳（2003），〈新消費工具在台灣——以星巴克為例〉，國立政治大學社會學研究所碩士論文。

106. 楊惠雯（2004），〈城市品味空間之研究——以台北市連鎖咖啡館為例〉，私立東海大學建築研究所碩士論文。

107. 楊雅民（1999），〈台灣咖啡連鎖店龍頭爭霸戰〉，商業周刊，611：104-106。

108. 蔡文芳（2001），〈跨國娛樂資本的空間生產——以台北星巴克Starbucks為例〉，臺灣師範大學地理學系碩士論文。

109. 戴國良（2004），《行銷管理－理論與實務》，臺北：五南圖書出版公司。

110. 戴國良（2004），《國際行銷管理：台商進軍國際市場寶典》，臺北：五南圖書出版公司。

111. 戴國良（2005），〈服務業10大行銷密碼〉，經濟日報，2005年11月17日。

112. 韓懷宗譯（2004），Howard Schultz & Dori Jones Yang著，《STARBUCKS咖啡王國傳奇》，臺北：聯經出版。

113. 羅月婷（2005），《咖啡中的極品星巴克：全球最具影響力的連鎖品牌經營策略》，臺北：維德出版。

二、英文

1. Aaker, David A. (1991). *"Managing Brand Equity,"* The Free Press.

2. Aaker, David A. (1996). *"Building Strong Brand"*, New York: The Free Press.

3. Aaker, David A. and Jacobson, Robert (1994), *"Study Shows Brand-building Pays off for Stockholders,"* Advertising Age, Chicago; Jul 18, 1994; Vol. 65, Iss. 30; Midwest Region

Edition; pg. 18, 1 pgs.

4. Aaker, David A. (1992). "The Value of Brand Equity," *Journal of Business Strategy*, Vol.13(4): 27-32.

5. Aaker, David A. and Day, George S (1974), "A Dynamic Model of Relationships Among Advertising, Consumer-Awareness, Attitudes, and Behavior," *Journal of Applied Psychology*, Washington; June 1974; Vol. 59, Iss. 3; pg. 281.

6. Aaker, Jennifer (1997), "Dimensions of Measuring Brand Personality," *Journal of Marketing Research, 34* (August), pp. 347-356.

7. Berry, Norman C. (1988), "Revitalizing Brands," *The Journal of Consumer Marketing*, Santa Barbara; Summer 1988; Vol. 5, Iss. 3; pg. 15, 6 pgs.

8. Biel, Alexander L. (1992). "How Brand Image Drives Brand Equity," *Journal of Advertising Research*, Vol. 32 (11): RC6-RC12.

9. Blackston, Max (1992). "Observations: Building Brand Equity by Managing the Brand's Relationships," *Journal of Advertising Research*, Vol. 32 (3): 79-83.

10. Blackston, Max (1995). "The Qualitative Dimension of Brand Equity," *Journal of Advertising Research*, Vol. 35 (4): RC2-RC7.

11. Cobb-Walgren, Cathy J., Cynthia A. Ruble, and Naveen Donthu (1995). "Brand Equity, Brand Preference, and Purchase Intent," *Journal of Advertising*, Vol. 24 (11): 25-40.

12. Keller, Kevin Lane (1993). "Conceptualizing, Measuring, and Managing Customer Based Brand Equity," *Journal of Marketing*, Vol. 57 (1): 1-22.

13. Keller, Kevin Lane (1998) *"Strategic Brand Management,"* New Jersey: Prentice Hall.

14. Kotler, Philip H. (1991), *"Marketing Management: Analysis, Planning, and Control,"* 8th ed. Englewood Cliffs, NJ: Prentice-Hall, Inc..

15. Simon, Carol J. and Mary W. Sullivan (1993), "The Measurement and Determinants of Brand Equity: A Financial Approach," *Marketing Science, 12* (Winter), 28-52.

國家圖書館出版品預行編目(CIP)資料

品牌行銷與管理／戴國良著. -- 五版. --
臺北市：五南圖書出版股份有限公司，
2024.08
　　面；　公分
　　ISBN 978-626-393-633-1（平裝）

1.CST: 品牌行銷　2.CST: 行銷學

496　　　　　　　　　　113011312

1FPL

品牌行銷與管理

作　　　者 ― 戴國良

企劃主編 ― 侯家嵐

責任編輯 ― 吳瑀芳

文字校對 ― 石曉蓉

封面設計 ― 封怡彤

出 版 者 ― 五南圖書出版股份有限公司

發 行 人 ― 楊榮川

總 經 理 ― 楊士清

總 編 輯 ― 楊秀麗

地　　　址：106臺北市大安區和平東路二段339號4樓

電　　　話：(02)2705-5066　　傳　　真：(02)2706-6100

網　　　址：https://www.wunan.com.tw

電子郵件：wunan@wunan.com.tw

劃撥帳號：01068953

戶　　　名：五南圖書出版股份有限公司

法律顧問：林勝安律師

出版日期：2007年2月初版一刷（共二刷）
　　　　　2010年3月二版一刷（共二刷）
　　　　　2017年9月三版一刷
　　　　　2020年9月四版一刷
　　　　　2024年8月五版一刷

定　　　價：新臺幣480元

經典永恆·名著常在

五十週年的獻禮 —— 經典名著文庫

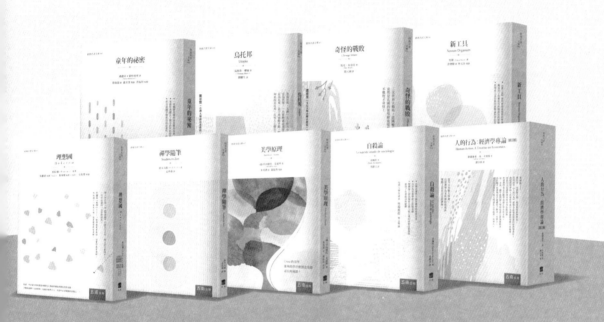

五南，五十年了，半個世紀，人生旅程的一大半，走過來了。

思索著，邁向百年的未來歷程，能為知識界、文化學術界作些什麼？

在速食文化的生態下，有什麼值得讓人雋永品味的？

歷代經典·當今名著，經過時間的洗禮，千錘百鍊，流傳至今，光芒耀人；

不僅使我們能領悟前人的智慧，同時也增深加廣我們思考的深度與視野。

我們決心投入巨資，有計畫的系統梳選，成立「經典名著文庫」，

希望收入古今中外思想性的、充滿睿智與獨見的經典、名著。

這是一項理想性的、永續性的巨大出版工程。

不在意讀者的眾寡，只考慮它的學術價值，力求完整展現先哲思想的軌跡；

為知識界開啟一片智慧之窗，營造一座百花綻放的世界文明公園，

任君遨遊、取菁吸蜜、嘉惠學子！